智能建筑工程施工手册

综合布线
工程

主编　任伟
参编　何滨　刘建华

U0287006

中国电力出版社
CHINA ELECTRIC POWER PRESS

内 容 提 要

　　本书是《智能建筑工程施工手册》中的一个分册，全书共分为六章，主要内容包括综合布线系统概述、综合布线系统常用材料、综合布线系统设计、综合布线系统安装施工、综合布线系统工程测试、综合布线系统工程施工管理与工程验收。

　　本书主要供从事智能建筑工程施工涉及综合布线系统工程方面的相关施工人员，或高级工程技术人员使用，也可作为智能建筑专业的教学和参考用书，以及智能建筑综合布线系统工程方面的培训教材，对企业技术人员提高专业知识和工作技能也有一定的阅读价值。

图书在版编目（CIP）数据

　　智能建筑工程施工手册. 综合布线工程/任伟主编 . —北京：中国电力出版社，2015.6

　　ISBN 978-7-5123-5389-3

　　Ⅰ.①智… Ⅱ.①任… Ⅲ.①智能化建筑-布线-工程施工-技术手册 Ⅳ.①TU243-62

　　中国版本图书馆 CIP 数据核字（2013）第 309621 号

中国电力出版社出版、发行

（北京市东城区北京站西街 19 号　　100005　http://www.cepp.sgcc.com.cn）

北京市同江印刷厂印刷

各地新华书店经售

*

2015 年 6 月第一版　　2015 年 6 月北京第一次印刷

850 毫米×1168 毫米　32 开本　9.125 印张　240 千字

印数 0001—3000 册　　定价 **32.00** 元

前　言

随着通信和计算机技术的飞速发展，智能建筑的相关技术日趋成熟，目前，智能建筑的建设正方兴未艾。同时，智能建筑正向着集成化、智能化、协调化方向发展，实现智能化管理已成为其重要标志。智能建筑的兴建，提高了设备功能，减少运行人员，而且利用控制系统，可有效的节约能源消耗，大大地降低了运行成本。作为智能建筑的重要组成部分，综合布线系统完全摒弃了传统布线的缺点，将建筑物或建筑群内的所有语音设备、数据处理设备、影视设备以及传统性的大楼管理系统集成在一起，进行统一的设计和安排，既减少了安装空间、改动费用及维修和管理费用，又能以可靠的技术和较低的成本接驳最新型的系统。因此，为了满足广大从事智能建筑工程施工涉及综合布线系统工程方面的相关施工人员或高级工程技术人员的实际需求，我们编写了此书。

本书在编写过程中参考了大量的资料、相关工程施工及管理人员的经验及有关著作，在此表示衷心的感谢。另外，周晨、林辉、徐小惠、刘志伟、于连娟、张颖、刘平、于涛、安庆、赵慧、夏俊茹、白雪影、孙学良、赵春娟等参与了本书的编写及校对工作，在此一并表示感谢。

　　限于时间和编者水平所限，疏漏和不妥之处在所难免，恳请广大读者提出宝贵意见，以便修改和完善。

编　　者

2015 年 5 月

智能建筑工程施工手册 综合布线工程

目　录

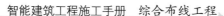

第一章

综合布线系统概述

📣 第一节　综合布线的基础知识

一、综合布线的概念

综合布线是一种模块化的、灵活性极高的建筑物内或建筑群之间的信息传输通道。它既能使语音、数据、图像设备以及交换设备与其他信息管理系统彼此相连，又能使这些设备与外部连接。综合布线还包括建筑物外部网络或电信线路的连接点与应用系统设备之间的所有缆线及其相关的连接部件。它由不同的系列、不同规格部件组成，其中包括：传输介质、相关连接硬件（如配线架、连接器、插座、插头、适配器）以及电气保护设备等。这些部件可用于构建各种子系统，它们都有各自的具体用途，不但易于实施，而且能随需求的变化平稳升级。

二、综合布线的适用范围和应用场合

目前，智能建筑综合布线系统的应用范围可分为两大类：一类是单栋的建筑，如智能大厦；另一类是由若干建筑物构成的建筑群，如智能化小区、智能化校园等。根据国际和国内标准，综

合布线系统应能适用于任何建筑物的布线，但要求建筑物的跨距不得超过 3000m，面积不得超过 100 万 m^2。综合布线系统可支持语音、数据和视频等各种应用。

综合布线系统按应用场合分类，具体见表 1-1。

表 1-1 综合布线系统的应用场合

类　型	应　用　场　合
商业贸易类型	商务贸易中心、金融机构、高级宾馆饭店、股票证券市场和高级商城大厦等高层建筑
综合办公类型	政府机关、群众团体、公司总部等的办公大厦、办公及贸易和商业兼有的综合业务楼、租赁大厦等
交通运输类型	航空港、火车站、长途汽车客运枢纽站、江海港区（包括客货运站）、城市公共交通指挥中心、出租车调度中心、邮政枢纽楼、电信枢纽楼等公共服务建筑
新闻机构类型	广播电台、电视台、新闻通讯社、书刊出版社、报社业务楼等
生活小区类型	智能化居住小区、家庭单元住宅、别墅、旅游风景度假村等
其他重要建筑类型	医院、急救中心、气象中心、科研机构、高等院校和工业企业的高科技业务大楼等

此外，在军事基地和重要部门，如安全部门等的建筑以及高级住宅小区中也需采用综合布线系统。随着科学技术的发展和人类生活水平的提高，综合布线系统的应用范围和服务对象也会逐步扩大和增加。综上所述，综合布线系统具有广泛的使用前景，能够为现代智能化建筑实现各种信息传送和监控创造有利条件，从而适应信息化社会的发展需要。

三、智能建筑与综合布线系统的关系

作为智能化建筑中的神经系统，综合布线系统是智能化建筑的关键部分和基础设施之一。因此，智能化建筑与综合布线系统并不等同。在建筑内，综合布线系统和其他设施一样，都是附属于建筑物的基础设施，为智能化建筑的业主或用户服务。虽然综合布线系统和房屋建筑彼此结合，形成了不可分离的整体，但它们仍是不同类型和工程性质的建设项目。从规划、设计、施工以及使用的全过程中，综合布线系统和智能化建筑之间的关系都是极为密切的，具体表现如下：

（1）综合布线系统是衡量智能化建筑智能化程度的重要标志。

（2）综合布线系统使智能化建筑充分发挥智能化效能，是智能化建筑中必不可少的基础设施。综合布线系统将智能化建筑内的通信、计算机以及各种设备、设施相互连接形成完整配套的整体，以实现高度智能化的要求。

（3）综合布线系统能适应今后智能化建筑和各种科学技术的发展需要。

总之，综合布线系统分布于智能化建筑中，必然会有相互融合的需要，同时又有可能出现彼此矛盾的问题。因此，综合布线系统的规划、设计、施工以及使用等各个环节都应与建筑工程单位密切联系、协调配合，并采取妥善合理的方式来处理问题，以满足各方面的要求。

第二节　综合布线系统的特性

一、兼容性

综合布线系统的首要优点在于它具有兼容性。所谓兼容性是指它自身是完全独立的而与应用系统相对无关，其可适用于多种应用系统。

综合布线系统将语音、数据与监控设备的信号线经过统一的规划和设计，采用相同的传输媒体、信息插座、互连设备及适配器等，把不同的信号综合到一套标准布线中。综合布线系统比传统布线大为简化，节约了大量的物资、时间和空间。

二、开放性

对于传统的布线方式而言，只要用户选定了某种设备，也就选定了与之相适应的布线方式和传输媒体，如果对设备进行更换，那么原来的布线也要相应全部更换。对于一个已经完工的建筑物来说，这种变化是十分困难的，要增加很多投资。

综合布线系统采用开放式体系结构，符合多种国际上现行的标准，它几乎对所有著名厂商的产品都是开放的，如计算机设备、交换机设备等，并支持所有通信协议，如 ISO/IEC8802—3，ISO/IEC8802—5 等。

三、灵活性

由于综合布线系统采用标准的传输缆线和相关连接硬件，并采用了模块化设计，因此其所有通道都是通用的。每条通道均可支持终端、以太网工作站及令牌环网工作站。所有设备的开通及更改均不需要改变布线，只需增减相应的应用设备及在配线架上进行必要的跳线管理即可。另外，组网方式也可灵活多样，在同一房间可安装多用户终端，以太网工作站、令牌环网工作站并存，为用户组织信息流提供了必要条件。

四、可靠性

综合布线系统采用高品质的材料和组合压接的方式构成一套高标准的信息传输通道。所有线槽和相关连接硬件均通过 ISO 认证，每条通道均需采用专用仪器测试链路阻抗及衰减率，以保证其电气性能。应用系统布线全部采用点到点端接，任何一条链路出现故障都不会影响到其他链路的运行，这就为链路的运行维护及故障检修提供了方便，从而保障了应用系统的可靠运行。各应用系统往往会采用相同的传输媒体，因此可以互为备用，从而提高了备用冗余。

五、先进性

综合布线系统采用光纤与双绞线混合布线方式，极为合理地构成了一套完整的布线。所有布线均采用全球最新通信标准，链路均按 8 芯双绞线配置。5 类双绞线带宽可达 100MHz，6 类双绞线带宽可达 250MHz。对于有特殊需求的用户可将光纤引至桌面。语音干线部分通常采用铜缆，数据部分采用光缆，为同时传输多路实时多媒体信息提供了足够的带宽容量。

六、经济性

衡量一个建筑产品的经济性，应从初期投资与性能价格比两个方面加以考虑。一般来说，用户总是希望建筑物所采用的设备不但在开始使用时具备良好的实用性，而且还应具有一定的技术储备，即在今后的若干年内即使不增加新的投资，也能保持建筑物的先进性。与传统的布线方式相比，综合布线系统就是一种既具有良好的初期实用性，又具有很高的性能价格比的高科技产品。

第三节 综合布线系统的构成

一、工作区子系统

工作区子系统是指一个独立的需要设置和连接终端设备的区域，如图 1-1 所示，它由从终端设备连接到信息插座的连线（或软线）和相关部件构成，包括装配软线、连接器和连接所需的扩展软线，起到在终端设备与信息插座之间搭桥的作用。

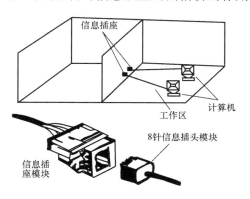

图 1-1 工作区子系统

二、水平子系统

水平子系统是从工作区的信息插座开始到楼层配线间管理子系统配线架之间的布线，即从用户工作区连接至干线子系统的水平布线。水平子系统总是处于同一楼层上，并与信息插座连接。在综合布线系统中，水平子系统通常由 4 对非屏蔽双绞线（UTP）构成，能支持大多数现代通信设备。如果需要某些宽带应用时，可采用光缆。水平子系统如图 1-2 所示。水平子系统缆线的选用原则为：

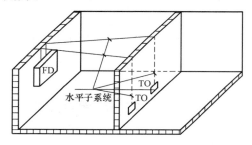

图 1-2 水平子系统示意图

（1）普通型电缆宜用于一般场合。

（2）填充型实芯电缆宜用于有空气压力的场合。

（3）水平子系统缆线长度宜为 90m。

三、管理子系统

综合布线系统的管理子系统设置在交接间（每层配线设备的房间）内，是连接干线垂直子系统和水平子系统的纽带，同时又可以为同一楼层组网提供条件。主要设备包括双绞线配线架和跳线等。在需要有光纤的布线系统中，还应设有光纤配线架和光纤跳线。在管理子系统的配线架上可实现缆线的交连和互连。交连和互连允许将通信线路定位或重新定位于建筑物的不同部分，以便能更容易地管理通信线路。当终端设备位置或局域网的结构变化时，只要通过跳线或带插头的导线改变交连和互连的方式即可解决，不需重新布线。管理子系统是充分体现综合布线灵活性的地方，综合布线系统与传统布线相比其优势在于巨大的灵活性，所以管理子系统是综合布线的一个重要子系统，如图 1-3 所示。

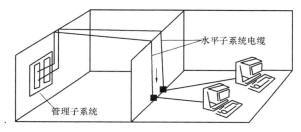

图 1-3　管理子系统

四、干线子系统

干线子系统由设备间和楼层配线间之间的连接缆线构成，是建筑物综合布线系统的主干部分。其缆线一般为大对数双绞线或多芯光缆，两端分别端接在设备间和楼层配线间的配线架上。干线子系统的缆线通常设于建筑内专用的上升管路、电缆竖井或上升房内。干线子系统如图 1-4 所示。

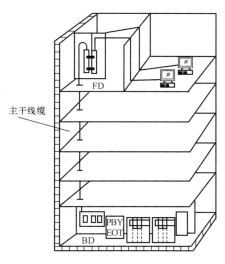

图 1-4　干线子系统示意图

五、设备间子系统

综合布线系统的设备间是在每一幢大楼的适当地点设置进线设备，进行网络管理及管理人员值班的场所，其作用是把公共设备系统的各种不同设备互连起来，如将电信部门的中继线和公共系统设备（如 PBX）连接起来。设备间子系统由设备间中的电缆、连接跳线架及相关支撑硬件、防雷电保护装置等构成。设备间还包括建筑物入口区的设备或电气保护装置及其连接到的符合要求的建筑物的接地装置。典型的设备间设备配置和线路布放如图 1-5 所示。

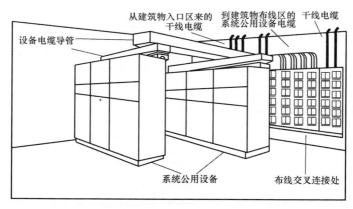

图 1-5　设备间的设备配置和线路布放

六、建筑群子系统

建筑群子系统是指由两个以上建筑物的电话、数据、电视系统构成的综合布线系统，其中包括各建筑物之间的连接缆线和配线设备（CD），如图 1-6 所示。

建筑群子系统提供楼群之间通信所需要的硬件（包括电缆、光缆以及防止电缆上的脉冲电压进入建筑物的电气保护装置等），它将一个建筑物中的电缆延伸至建筑群另外一些建筑物中的通信设备和装置上，从而使多个建筑物连接成一体。

建筑群子系统使用的缆线可以采用架空安装或沿地下电缆管

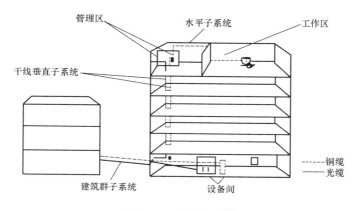

图 1-6 建筑群子系统

道（或直埋）方式敷设。

　　建筑群子系统采用直埋沟内敷设方式时，如果在同一沟内埋入了其他的图像、监控电缆，应设立明显的区分标志。

第四节　综合布线系统的发展趋势

一、集成布线系统

　　集成布线系统，又称整体楼宇集成布线系统（TBIC），是西蒙公司根据市场需求于 1999 年初推出的开放、灵活并支持建筑物内所有弱电系统应用的布线系统。该系统扩展了结构化布线系统的应用范围，以双绞线、光纤和同轴电缆为主要传输介质，支持语音、数据及所有楼宇自控系统弱电信号的远传连接，为楼宇铺设了一条完全开放的、综合的信息高速公路。

　　TBIC 的基本思想是使用相同或类似的综合布线方案来解决楼宇内所有系统的综合布线问题，使各系统都能像电话、计算机一样成为即插即用的系统。它的目的在于为楼宇提供一个集成布线平台，使楼宇真正成为即插即用的智能建筑。

　　TBIC 系统对楼宇设计期的支持可使对楼宇的布线方案进行统一考虑，有利于统筹兼顾整个楼宇的互连要求。TBIC 系统对

9

楼宇施工期的支持，包括布线系统施工和应用系统施工。TBIC系统对大楼运行及维护期的支持包括：降低集成布线系统的培训费用；所有缆线具备可管理性，有利于快速查找系统的故障点；缆线可重复使用；方便增加新系统。

楼宇集成布线系统正逐渐成为一种国际潮流，越来越多的厂家和标准化组织已意识到集成布线系统的重要性和必要性。

二、智能家居布线

美国国家标准委员会与 TR—41.8.2 工作组于 1998 年 9 月重新修订了家居布线标准，这种标准的要求主要是针对现今及未来的电信服务所需要的新一代家居布线。标准主要提出有关布线的新等级，并建立一个布线介质的基本规范及标准，支持语音、数据、音频、视频、影像、多媒体、家居自动系统、环境管理、保安、电视、探头、警报及对讲机等服务。标准主要规划于新建筑以及更新增加设备等。

目前应用较多的功能模块主要包括高速数据网络模块、电话语音系统模块、有线电视网模块、音响模块。智能家居布线系统的优点是为家庭服务，能够集中管理家庭服务中的各种功能应用；支持语音、数据、视频及监控信号传输；高带宽、高速率；灵活性及高可靠性；兼容性及开放性；易于管理；适应网络目前及未来的发展；整齐美观。它可带来较大的效益，包括提高住宅的竞争力；投资小，见效快；降低住宅小区初期的安装费用；降低智能小区的管理及运行费用；提供更舒适的环境和更现代化的生活。

智能家居布线产品可以说是智能家居中最基本的产品，许多其他智能家居系统都需基于智能家居布线系统来完成传输和配线管理，包括宽带接入系统、家庭通信系统、家庭局域网、家庭安防系统、家庭娱乐系统等。作为最终用户来说，也许可以不用关心布线产品的生产技术指标、传输技术参数等，但却一定要了解家居布线使用的材料种类，其中主要有双绞线、RJ45 模块、配线架、水晶头、面板、跳线、光纤、同轴电缆、音频视频线和家具布线箱。

三、自动布线系统

MORDX/CDT 公司推出的 Dyna Trax 自动布线系统是一种由高性能电子跳线架与控制计算机一起构成的自动化管理的布线系统，它安装于布线箱内，由一台个人计算机控制操作。所有用户和系统的资料均存储在计算机中，布线结束后，如要再做移动、增加或修改，只需用鼠标点击即可。当重新配置网络的物理设施时，Dyna Trax 自动布线系统提供了极大的灵活性，可对不断变化的要求迅速做出反应，显著地降低管理成本。

Dyna Trax 自动布线系统由硬件和软件组成，其中硬件是由一系列电子开关组成的，使用户可对连接在 Dyna Trax 上的数据通信电缆的连接做移动、增加或修改。它是一种零损耗的交接方式，可以兼容所有的网络设备。Dyna Trax 自动布线系统管理软件采用 Windows 软件，用户使用鼠标便可进行布线的移动、增加或修改，还能提供自动文档管理，平面图形和楼层布局，增加设备，成组移动，定时移动、增减或修改及拨号加密措施等功能。

Dyna Trax 自动布线系统的优点包括：省掉查线所花费的时间，减少在现场执行移动、增加或改变时的费用，加速布线侦错和检测，消除在执行移动、增加或改变时产生的延误和用户停顿时间，增加了远程网络管理，提高了网络管理的安全性。

第五节 综合布线系统的设计要点

一、综合布线系统的设计原则

（一）可行性和适应性

综合布线系统应保证技术上的可行性和经济上的可能性。系统建设应充分满足建设单位（甲方）功能上的需求，始终贯彻面向应用、注重实效的方针，坚持实用、经济的原则。当今科技迅速发展，可应用于各类综合布线系统的技术和产品层出不穷，设计选用的系统和产品应能够使用户或建设单位得到实效收益，满足近期使用和远期发展的需要。在多种实现途径中，应选择最经济可行的技术与方法，并以现有的成熟技术和产品为对象进行设计，同时考虑到周边信息、通信环境的现状和发展趋势，并兼顾管理部门的要求，使系统设计方案可行。

（二）先进性和可靠性

综合布线系统设计应采用先进的概念、技术和方法，要注意结构、设备、工具的相对成熟。系统结构和性能上均留足余量和升级空间，不但能反映当今的先进水平，而且还具有发展潜力，能保证在未来若干年内占主导地位。在考虑技术先进性的同时，还应从系统结构、技术措施、设备性能、系统管理、厂商技术支持以及维修能力等方面着手，保证系统运行的可靠性和稳定性，达到最大的平均无故障时间。在系统故障或事故造成系统瘫痪后，能保证数据的准确性、完整性和一致性，并具备迅速恢复的功能。特别是在重要的系统中，应具有高冗余性，保证系统能够正常运行。

（三）开放性和标准性

为了满足综合布线系统所选用技术和设备的协同运行能力，系统投资长期效应以及系统功能不断扩展的需求，必须满足系统开放性和标准性的要求。系统开放性已成为当今系统发展的一个方向。系统的开放性越强，系统集成商就越能够满足用户对系统的设计要求，更能体现出科学、方便、经济和实用的原则。遵循业界先进标准，标准化是科学技术发展的必然趋势，在可能的条件下，系统中所采用的产品都应尽可能标准化、通用化，执行国际上通用的标准或协议，使其选用的产品具有极强的互换性。

（四）安全性和保密性

在综合布线系统设计中，要考虑信息资源的充分共享，更要注意信息的保护和隔离。因此系统应分别针对不同的应用和网络通信环境，采取不同的措施，包括系统安全机制、数据存取的权限控制等。

（五）可扩展性和易维护性

为了适应综合布线系统的变化要求，应充分考虑如何以最简便的方法、最低的投资，实现系统的扩展和维护。

二、综合布线系统的设计等级

（一）经济型综合布线系统

经济型综合布线系统方案是一个经济有效的布线方案，它支持语音或综合型语音/数据产品，并能够全面过渡到综合型布线系统。

1. 经济型综合布线系统基本配置

（1）每个工作区为 8～10m²。

（2）每个工作区有 1 个信息插座（语音或数据）。

（3）每个工作区有一条 4 对 UTP 系统。

（4）完全采用 110A 交叉连接硬件，并与未来的附加设备兼容。

（5）干线电缆的配置，计算机网络宜按 24 个信息插座配 2 对对绞线，或每个集线器（HUB）或集线器群（HUB 群）配 4 对对绞线。

2. 经济型综合布线系统特性

（1）能够支持所有语音和数据传输应用。

（2）支持语音、综合型语音/数据高速传输。

（3）便于维护人员维护和管理。

（4）能够支持大多数厂家的产品设备和特殊信息的传输。

（二）基本型综合布线系统

基本型综合布线系统不仅支持语音和数据的应用，还支持图像、影像、影视和视频会议等，它具有为新增功能提供发展的余地，并能够利用接线板进行管理。

1. 基本型综合布线系统基本配置

（1）每个工作区为 8～10m²。

（2）每个工作区有 2 个或 2 个以上信息插座（语音、数据）。

（3）每个信息插座的配线电缆为 1 条 4 对对绞电缆。

（4）具有 110A 交叉连接硬件。

（5）干线电缆的配置，计算机网络按 24 个信息插座配置 2 对对绞线或每个 HUB 或 HUB 群配 4 对对绞线；至少每个电话信息插座配 1 对对绞线。

2. 基本型综合布线系统特点

（1）每个工作区有 2 个信息插座，灵活方便、功能齐全。

（2）任何一个插座均可提供语音或高速数据传输。

（3）便于管理与维护。

（4）能够为众多厂商提供服务环境的布线方案。

（三）综合型综合布线系统

综合型综合布线系统是将双绞线和光缆纳入建筑物布线的系统。

1. 综合型综合布线系统基本配置

（1）以基本配置的信息插座量作为基础配置。

（2）垂直干线的配置：每 48 个信息插座宜配 2 芯光纤，适用于计算机网络；电话或部分计算机网络选用对绞电缆，按信息插座所需线对的 25％配置垂直干线电缆，按用户要求进行配置，考虑适当的备用量。

（3）当楼层信息插座较少时，在规定长度的范围内，可几层合用 HUB，并合并计算光纤芯数，每一楼层计算所得的光纤芯数还应按光缆的标称容量和实际需要进行选取。

（4）如有用户需要光纤到桌面（FTTD），光纤可经或不经 FD（楼层配线架）直接从 BD（建筑物配线架）引至桌面，上述光纤芯数不包括 FTTD 的应用在内。

（5）楼层之间原则上不敷设垂直干线电缆，但在每层的 FD 可适当预留一些接插件，需要时可临时布放合适的缆线。

2. 综合型综合布线系统特点

（1）每个工作区有 2 个以上的信息插座，不但灵活方便而且功能齐全。

（2）任何一个信息插座均可供语音和高速数据传输。

（3）因为光缆的使用，可提供很高的带宽，所以会有一个很好的环境为客户提供服务。

三、综合布线系统的设计指标

（一）应用分类

（1）A 级应用于语音带宽和低频，电缆布线链路支持的 A 级应用的频率为 100kHz 以下。

（2）B 级应用于中比特率数字，电缆布线链路支持的 B 级应用的频率为 1MHz 以下。

（3）C 级应用于高比特率数字，电缆布线链路支持的 C 级应用的频率为 16MHz 以下。

（4）D 级应用于甚高比特率数字，电缆布线链路支持的 D 级应用的频率为 100MHz 以下。

（5）光缆级应用于高速和高速率数字，光缆布线链路支持的光缆级应用的频率为 10MHz 以上。

（二）链路级别

（1）A 级对称电缆布线链路，支持 A 级应用，为最低级别的链路。

（2）B 级对称电缆布线链路，支持 B 级和 A 级应用。

（3）C 级对称电缆布线链路，支持 C 级、B 级和 A 级应用。

（4）D 级对称电缆布线链路，支持 D 级、C 级、B 级和 A 级应用。

（5）光缆布线链路，支持传输频率为 10MHz 及以上的各种应用，这种布线链路按光纤为单模或多模分别规定光参数。

C 级和 D 级平衡电缆布线链路应完全符合 3 类和 5 类电缆的配线子系统的传输性能要求。

表 1-2 给出了链路级别与缆线和相关连接硬件类别的相互关系和可以支持不同应用系统的通道长度。这些通道长度是根据串扰损耗（电缆）或带宽（光纤）与不同应用系统的允许衰减而得到的，而应用系统的其他性能（如传输延迟的指标），还会进一步限制这些传输距离。

表 1-2 **应用系统和不同类型缆线及相关连接硬件的通道长度关系**

系统分级	最高频率	双绞线传输距离（m）		光纤传输距离（m）			
		100Ω 3类	100Ω 4类	100Ω 5类	150Ω 5类	多模	单模
A	100kHz	2000	3000	3000	3000	—	—
B	1MHz	200	260	260	400	—	—
C	16MHz	100	150	160	250	—	—
D	100MHz	—	—	100	150	—	—
光缆	10MHz	—	—	—	—	2000	3000

注 表中指出单模光纤传输距离为 3000m，这是国际标准 ISO/IEC 11801 规定的综合布线长度的极限范围，并非介质极限。单模光纤端到端的传输能力可达60km 以上。

（三）平衡电缆通道的性能指标

1. 特性阻抗

双绞线电缆的特性阻抗是电缆及其相关连接硬件组成的传输通道的主要特性之一。特性阻抗取决于线对的铜线直径、绞距和绝缘材料的介电常数，且会随着频率的变化而变化。

一般情况下，导线的阻值与导线长度成正比，与导线截面积成反比。当信号传输频率高到一定程度时，由于导体具有趋肤效应和邻近效应，使电流集中于导体的表面，导体内部的电流则会随着深度增加而迅速减小，使导体呈现的电阻值随频率的增加而增大。因而导线的高频交流电阻必然要大于低频直流电阻。

当电缆传输通道所传输的信号频率高到一定程度时，导线将呈现出电感和电容特性。电感特性是指导线中流过电流时就会在导线周围产生磁场。当电流变化时，磁场就会产生阻止电流变化的作用力，这相当于在导线中串接了一个电感。磁场对电流的阻碍作用称为感抗，电流频率变化越快，等效感抗就越大，对电流的阻碍作用也越大。电容特性是指两条平行放置的导线，一条导线上的电荷会在另一条导线上产生感应电荷。这种作用使两条导线之间产生"漏电"，相当于在导线之间存在一个并联电容，电流频率越高，等效电容就越大，漏电也越大。我们将漏电对电缆的影响称为容抗，又将感抗和容抗合称为电抗。

用电阻和电抗一起来描述电缆通道的传输特性时，就称为特性阻抗，度量单位为欧姆（Ω）。不同种类的电缆有不同的特性阻抗。当频率位于 1MHz 到通道指定的最高频率之间时，电缆传输通道的特性阻抗有 100Ω、120Ω 和 150Ω 等几种。电缆传输通道中只要有任何一点阻抗不匹配，都会引起信号反射，造成信号失真。为了确保应用系统传输通道的特性阻抗，就需要一个设计正确、选择适当的电缆及相关连接硬件。平衡电缆通道的特性阻抗不一致性可用结构回波损耗来描述。

2. 结构回波损耗

结构回波损耗（SRL）是衡量通道特性阻抗一致性的指标。通道的特性阻抗随着信号频率的变化而变化，如果通道所用的缆线和相关连接硬件的阻抗不匹配，就会造成信号反射。被反射到发送端的一部分能量会形成干扰，导致信号失真，这样会降低综合布线的传输性能。反射的能量越少，就意味着通道所采用的电缆和相关连接硬件阻抗一致性就越好，传输信号越完整，在通道上的干扰就越小。

3. 衰减

信号在通道中传输时，会随着传输距离的增加而逐渐减弱。衰减是指信号沿传输通道的损失量度。衰减与传输信号的频率及导线的传输长度均有关系。它用单位长度上信号减弱的数量来度量（单位为 dB/m，即分贝/米），表示源端信号传输到接收端信号强度的比率。

4. 近端串扰损耗

由于电磁感应的存在，当信号在一根平衡电缆中传输时，同时会在相邻线对中感应出一部分信号。如在 4 对双绞线电缆中，当一对线发送信号时会在相邻的另一线对中收到该信号，这种现象称为串扰。

串扰又可划分为近端串扰（NEXT）和远端串扰（FEXT）两种。近端串扰是指出现在发送端的串扰，远端串扰是指出现在接收端的串扰。由于布线距离通常都较远，远端串扰的影响较小，因此，目前主要是测量近端串扰。近端串扰损耗与信号频率及通道长度有关，同时也与施工工艺有关。

5. 衰减/串扰比

衰减/串扰比（ACR）是指在同一频率下，链路的信号衰减与近端串扰损耗的比值。这是确定可用带宽的一种方法，通道的衰减/串扰比的值越大越好。若用分贝（dB）表示，它是近端串扰损耗与衰减的值之差。

通道衰减/串扰比的值可用式（1-1）计算：

$$ACR = \alpha_N - \alpha \quad (\mathrm{dB}) \tag{1-1}$$

式中　α_N——在链路中任何两对线之间测得的近端串扰损耗；

　　　α——通道信号衰减。

6. 直流环路电阻

任何导线都存在电阻，当信号在导线中传输时，会有一部分信号消耗在导体中转变为热量。直流环路电阻就是在线对远端短路，在近端测量获得的全程环路电阻。

四、综合布线系统的设计标准与规范

（一）综合布线系统标准

目前综合布线系统标准一般为 GB 50311—2007《综合布线系统工程设计规范》和美国电子工业协会、美国电信工业协会的 EIA/TIA 为综合布线系统制定的一系列标准。这些标准主要包括以下几种：

（1）EIA/TIA—568《民用建筑线缆标准》。

（2）EIA/TIA—569《民用建筑通信通道和空间标准》。

（3）EIA/TIA—607《民用建筑中有关通信接地标准》。

（4）EIA/TIA—606《民用建筑通信管理标准》。

（5）TSB—67《非屏蔽双绞线布线系统传输性能现场测试标准》。

（6）TSB—95《已安装的五类非屏蔽双绞线布线系统支持千兆应用传输性能指标标准》。

这些标准支持以下计算机网络标准：

（1）IEEE 802.3《总线局域网络标准》。

（2）IEEE 802.5《环型局域网络标准》。

（3）FDDI《光纤分布数据接口高速网络标准》。

（4）CDDI《铜线分布数据接口高速网络标准》。

（5）ATM《异步传输模式》。

（二）综合布线标准要点

无论是 GB 50311—2007《综合布线系统工程设计规范》，还是 EIA/TIA 制定的标准，其标准要点为：

1. 目的

（1）规范一个通用语音和数据传输的电信布线标准，以支持多设备、多用户的环境。

（2）为服务于商业的电信设备和布线产品的设计提供方向。

（3）能够对商用建筑中的结构化布线进行规划和安装，使之满足用户的多种电信要求。

（4）为各种类型的缆线、连接件以及布线系统的设计和安装建立性能和技术标准。

2. 范围

（1）标准针对的是"商业办公"电信系统。

（2）布线系统的使用寿命要求在 10 年以上。

3. 标准内容

标准内容为所用介质、拓扑结构、布线距离、用户接口、缆线规格、连接件性能、安装程序等。

4. 几种布线系统涉及的范围和要点

（1）配线子系统布线：涉及水平跳线架、水平缆线、缆线出入口/连接器、转换点等。

（2）干线子系统布线：涉及主跳线架、中间跳线架、建筑外主干缆线、建筑内主干缆线等。

（3）UTP 布线系统：UTP 布线系统按传输特性可划分为以下 6 类缆线。

1）3 类：指 16MHz 以下的传输特性。

2）4 类：指 20MHz 以下的传输特性。

3）5 类：指 100MHz 以下的传输特性。

4）超 5 类：指 155MHz 以下的传输特性。

5）6 类：指 250MHz 以下的传输特性。

6）7 类：指 600MHz 以下的传输特性。

目前主要使用超 5 类、6 类。

（4）光缆布线系统：在光缆布线中分水平子系统和干线子系统，它们分别使用不同类型的光缆。

1）配线子系统：$62.5/125\mu m$ 多模光缆（入出口有 2 条光纤）。

2）干线子系统：$62.5/125\mu m$ 多模光缆或 $10/125\mu m$ 单模光缆，多数为室内型光缆。

3）建筑群子系统：$62.5/125\mu m$ 多模光缆或 $10/125\mu m$ 单模光缆，多数为室外型光缆。

综合布线系统标准是一个开放型的系统标准，它能广泛应用。因此，按照综合布线系统进行布线，会为用户今后的应用提供方便，也保护了用户的投资，使用户投入较少的费用便能向高一级的应用范围转移。

五、综合布线系统产品的选型原则

（一）必须结合工程的实际情况来选型

选用综合布线系统产品的目的是为了更好地为用户需要服务，因此，必须结合工程实际情况，根据智能化建筑的主体性质、所处地位、使用功能、建设规模、客观环境等特点，从用户信息业务实际需要考虑，选择合适的综合布线系统产品，包括各种缆线和布线部件必须满足工程建设及日后使用的需要。

（二）必须按一定的产品标准来选型

在综合布线系统工程中应选用符合我国国情和有关技术标准（包括国际标准和我国的国家标准及行业标准等）的定型设备及

器材，应符合设计中的规定，未经设计单位同意，不得采用其他产品代用。

（三）坚持近期和远期相结合来选型

在综合布线系统工程设计中，首先应根据近期信息业务和网络结构等需要，适当考虑今后信息业务种类和数量增加的可能性，选用合适的综合布线系统产品，且要留有一定的发展余地（包括技术性能和设备容量等），以便能适应相当一段时期的客观需要。

（四）按照系统特点服从整体的原则来选型

由于目前生产的综合布线系统产品较多，同时在部件结构、容量配置、规格尺寸、技术性能、可靠程度等方面都存在一定差异，无互换性。因此，在产品选型时，应根据系统的特点，从全局考虑选用其中一家符合现行标准且认证合格配套的产品，不宜选用多家产品，以免在技术性能和可靠程度等方面因互不匹配而达不到要求，直接影响综合布线系统的整体效果。

（五）按照技术先进和经济合理相统一的原则来选型

由于综合布线系统技术性能的总体效果是以其系统指标来衡量的（目前我国已有相应的符合国际标准的行业标准予以规定），因此在综合布线系统产品选型时，所选产品（包括设备和器材）的各项技术性能指标一般要高于系统指标，才能保证全系统的技术性能指标得以满足，技术性能的效果才能得以体现。技术性能指标并不是越高越好，如果所选产品的技术指标过高，将会增加工程造价，这在经济上是不合理的；如果所选产品的技术性能指标过低，则不能满足工程实际需要，也不能体现其技术先进性。因此，在产品选型时对于技术性能指标要遵循技术先进和经济合理统一的原则。

上述原则是相辅相成、互为补充完善的，不能孤立或对立看待，在产品选型中必须综合考虑。

第二章

综合布线系统常用材料

第一节 双 绞 线 电 缆

一、双绞线的分类

双绞线是将一对或一对以上的双绞线封装在一个绝缘外护套中而形成的一种传输介质，是综合布线系统中最常见的传输介质。双绞线可分为屏蔽双绞线(STP)和非屏蔽双绞线(UTP)。

（一）屏蔽双绞线

与非屏蔽双绞线电缆相比，屏蔽双绞线电缆在绝缘保护套层内增加了金属屏蔽层。按增加的金属屏蔽层数量和金属屏蔽层绕包方式，又可分为铝箔屏蔽双绞线电缆(FTP)、铝箔/金属网双层屏蔽双绞线电缆(S-FTP)和独立双层屏蔽双绞线电缆(S-STP)3种。3种屏蔽双绞线电缆的结构如图 2-1(a)～(c)所示。屏蔽双绞线价格相对较高，安装时要比非屏蔽双绞线电缆困难。类似于同轴电缆，它必须配有支持屏蔽功能的特殊连接器和相应的安装技术。它有较高的传输速率，100m 内可达到 155Mb/s。

屏蔽双绞线电缆具有如下特点：

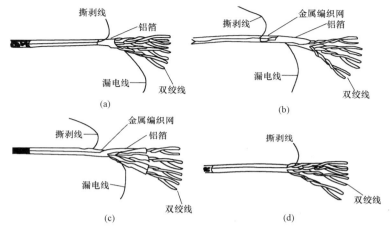

图 2-1 双绞线电缆的分类
(a) FTP; (b) S-FTP; (c) S-STP; (d) UTP

（1）具有很强的抗外界电磁干扰的能力，又有很强的防止向外辐射电磁波的能力，具有较强的信息保密性。

（2）通过 EMC 测试，适用于强电磁干扰环境。

（3）在屏蔽双绞线系统中，必须实行全屏蔽措施，即缆线和连接硬件等均应屏蔽，应有很好的接地。

（4）安装技术性较强，价格较高。

（二）非屏蔽双绞线

非屏蔽双绞线电缆由多对双绞线外包缠一层绝缘塑料护套构成。4 对非屏蔽双绞线电缆（UTP）如图 2-1（d）所示。

非屏蔽双绞线电缆每对线采用不同的绞距，结合滤波与对称性等技术，经由精确的生产工艺制成。其中，橙色对和绿色对一般用于发送和接收数据，绞合度最高；蓝色对次之；而棕色对一般用于进行校验，绞合度最低。如果双绞线的绞合密度不符合技术要求，将会引起电缆电阻的不匹配，导致较为严重的近端串扰，使传输距离缩短，传输速率降低。

非屏蔽双绞线的优点如下：

（1）无屏蔽外套，直径小，节省所占用的空间，运输方便。

（2）质量较轻，容易弯曲，易于安装。

（3）将串扰减至最小或加以消除。

（4）具有阻燃性，安全性能较好。

（5）具有独立性和灵活性，适用于结构化综合布线。

（三）STP 与 UTP 的异同

（1）吞吐量。STP 和 UTP 能以 100Mb/s 的速率传输数据，CAT5 UTP 以及在某些环境下的 CAT3 UTP 的数据传输率可达 100Mb/s。高质量的 CAT5 UTP 也能以 1Gb/s 的速度传输数据。

（2）成本。STP 和 UTP 的成本区别在于所使用的铜态级别、缠绕率及增强技术。一般情况下，STP 比 UTP 更昂贵，但高级 UTP 也是非常昂贵的。

（3）抗噪性。STP 具有屏蔽层，因此，它比 UTP 具有更好的抗噪性，UTP 可使用过滤和平衡技术抵消噪声的影响。

（4）尺寸和可扩展性。STP 和 UTP 的最大网段长度均为 100m（即 328ft）。它们的跨距小于同轴电缆所提供的跨距，这是因为双绞线更易受环境噪声的影响。双绞线的每个逻辑段最多只能容纳 1024 个节点，整个网络的最大长度与所使用的网络传输方法有关。

（5）加工的难易程度不同。一般来说，UTP 易于加工和安装布线，STP 在这方面就要差些，因此对于一些要求不高的场合，UTP 具有更强的吸引力。

二、双绞线的性能参数

（一）衰减

衰减是沿链路的信号损失度量。衰减与缆线的长度有关，随着长度的增加，信号衰减也随之增加。衰减以"dB"为单位，表示源传送端信号到接收端信号强度的比率。由于衰减随频率的变化而变化，因此，在实际中应测量在全部应用频率上的衰减，以确保达到布线的系统要求。

（二）近端串扰

串扰分近端串扰（NEXT）和远端串扰（FEXT）。在对绞线中，当信号在一对线上传输时，同时会感应一小部分信号到其他线对上，这种现象就叫近端串扰。测试仪主要是测量 NEXT。由于存在线路损耗，因此 FEXT 的量值影响较小。

近端串扰损耗是测量一条 UTP 链路中从一对线到另一对线的信号耦合。对于 UTP 链路，NEXT 是一个关键的性能指标，也是最难精确测量的一个指标。其测量难度将随着信号频率的增加而加大。

NEXT 并不表示在近端点所产生的串扰值。它只是表示在近端点所测量到的串扰值。这个量值会随着电缆长度的不同而变化，电缆越长，其值越小。同时发送端的信号也会衰减，对其他线对的串扰也会相对变小。试验证明，只有在 40m 内测量得到的 NEXT 才是较真实的。如果另一端是远于 40m 的信息插座，那么它会产生一定程度的串扰，但测试仪可能无法测量到这个串扰值。因此，最好在两个端点都进行 NEXT 测量。

现在的测试仪都配有相应设备，使得在链路一端就能测量出两端的 NEXT 值。

（三）直流电阻

直流电阻是指一对导线电阻的和。直流电阻会消耗一部分信号，并将其转变成热量。IEC11801 规格的双绞线的直流电阻应不大于 9.2Ω。每对间的差异不能太大（小于 0.1Ω），否则表示接触不良，必须检查连接点。

（四）特性阻抗

与环路直流电阻不同，特性阻抗包括电阻及频率为 $1\sim100MHz$ 时的电感阻抗和电容阻抗，它与一对电线之间的距离及绝缘体的电气性能有关。理想情况下，电缆的特性阻抗在整条电缆上应是一个常数。各种电缆都有不同的特性阻抗，屏蔽双绞线电缆则有 100、120Ω 及 150Ω 几种。

（五）衰减/串扰比（ACR）

在某些频率范围内，串扰与衰减量的比例关系是反映电缆性能的另一个重要参数。ACR 有时也以信噪比（SNR）表示，它由最差的衰减量与 NEXT 值的差值计算。ACR 值越大，表示抗干扰的能力越强。一般系统要求至少大于 10dB。

（六）电缆特性

通信信道的品质是由它的电缆特性描述的。SNR 是在考虑到干扰信号的情况下，对数据信号强度的一个度量。如果 SNR 过低，将导致数据信号在被接收时，接收器不能分辨数据信号和噪声信号，最终引起数据错误。因此，为了将数据错误限制在一定范围内，必须定义一个最小的可接受的 SNR。

三、双绞线电缆的测试数据

100Ω 4 对非屏蔽双绞线有 3 类线、4 类线、5 类线、超 5 类线、6 类线和 7 类线之分。它们具有下述指标：衰减、分布电容、直流电阻、直流电阻偏差值、阻抗特性、返回损耗、近端串扰。对于它们的标准测试数据见表 2-1。

表 2-1 双绞线电缆的标准测试数据

测试指标	类 型		
	3 类	4 类	5 类
衰减（dB）	≤2.320sqrt(f) +0.238(f)	≤2.050sqrt(f) +0.1(f)	≤1.9267sqrt(f) +0.75(f)
分布电容（以 1kHz 计算）	≤330pF/100m	≤330pF/100m	≤330pF/100m
直流电阻（20℃测量校正值）	≤9.38Ω/100m	≤9.38Ω/100m	≤9.38Ω/100m
直流电阻偏差值（20℃测量校正值）	5%	5%	5%
阻抗特性（1MHz 至最高的参考频率值）	100Ω±15%	100Ω±15%	100Ω±15%
返回损耗（测量长度>100m）	12dB	12dB	23dB
近端串扰（测量长度>100m）	43dB	58dB	64dB

四、双绞线电缆的型号

双绞线分为屏蔽双绞线和非屏蔽双绞线两类，这两类又可细分为 100Ω 电缆、双体电缆、150Ω 屏蔽电缆等多种型号。根据用途和传输性能的不同，EIA/TIA 为双绞线电缆具体定义了多种不同质量的型号，其中计算机网络综合布线使用第 3、4、5类。这几种电缆的型号如下：

（1）第 1 类线。主要用于传输语音（1 类标准主要用于 20世纪 80 年代初之前的电话缆线），不用于数据传输。它的最高传输速率为 20Kb/s。

（2）第 2 类线。一种包括 4 个电线对的 UTP 类型。传输频率为 1MHz，用于语音传输和最高传输速率为 4Mb/s 的数据传输，常见于使用 4Mb/s 规范令牌传递协议的旧令牌网。由于大部分系统需要更高的吞吐量，因此 2 类线很少在现代网络中应用。

（3）第 3 类线。一种包括 4 个电线对的 UTP 类型，也是目前在 ANSI 和 EIA/TIA—568 标准中指定的电缆。该电缆的传输频率为 16MHz，用于语音传输及最高传输速率为 10Mb/s 的数据传输。3 类线一般用于 10Mb/s 的以太网或 4Mb/s 的令牌环网。虽然 3 类线比 5 类线便宜，但是，为了获得更高的吞吐量，5 类线正逐渐代替 3 类线，使 3 类线的使用日趋减少。

（4）第 4 类线。该类电缆的传输频率为 20MHz，用于语音传输和最高传输速率为 16Mb/s 的数据传输，主要用于基于令牌的局域网和 10Base-T/100Base-T。它可确保信号带宽高达 20MHz，与 CAT1、CAT2 或 CAT3 相比，它能够提供更多的保护以防止串扰和衰减。

（5）第 5 类线。该类电缆增加了绕线密度，外套一种高质量的绝缘材料，传输频率为 100MHz，用于语音传输和最高传输率为 100Mb/s 的数据传输，主要用于 100Base-T 和 10Base-T网络，这是最常用的以太网电缆。除了 100Mb/s 以太网之外，此类电缆还支持其他快速连网技术，例如异步传输模式（ATM）等。

随着缆线制造技术的发展，目前已生产出超 5 类、6 类甚至更高类别的高性能双绞线电缆。从电缆工艺来看，5 类和超 5 类的主要区别是：5类的橙色、绿色线对绞合得紧，蓝色、棕色线对绞合得松一些，而超5类线4个线对都绞合得比5类线还紧。比起普通5类双绞线，使用超5类线的系统在100MHz的频率下运行时，可提供8dB近端串扰的裕量，用户设备受到的干扰仅为使用普通5类线系统的1/4，使系统具有更强的独立性和可靠性，目前在综合布线系统中得到广泛应用。近端串扰损耗、串扰总和、衰减和SRL这4个参数是超5类线非常重要的参数。

6类数据电缆在结构及性能参数的要求上均有不同。在结构上，6类电缆都采用了骨架结构，以改变其审音性能，另外，其电气性能参数要求与5类、超5类相比，也有很大变化。因要求相对较高，所以6类电缆的生产加工相对较困难。

五、常用的双绞线电缆

（1）5类4对非屏蔽双绞线。它是美国线规为24的实芯裸铜导体，以氟化乙丙烯做绝缘材料，传输频率为100MHz，其导线组成及物理结构如图2-2所示。

（2）5类4对24AWG屏蔽电缆。它是24号的裸铜导体，以氟化乙烯做绝缘材料，内置一根24AWG TPG漏电线。传输

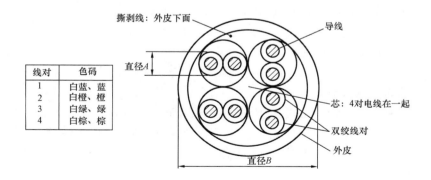

图2-2 5类4对24AWG非屏蔽双绞线

直径 A：0.914mm；直径 B：5.08mm

频率为100MHz，导线色彩编码组成见表2-2，物理结构如图2-3所示。

表2-2 **5类4对24AWG屏蔽电缆导线色彩编码**

线 对	色 码	屏 蔽
1	白蓝、蓝	
2	白橙、橙	厚度为0.051mm铝/聚酯带，内有一根24AWG TPG漏电线
3	白绿、绿	
4	白棕、棕	

（3）5类4对24AWG非屏蔽软线。它由4对线组成，用于高速数据传输，适合于扩展传输距离，应用于互连或跳接线，传输速率为100MHz。它的物理结构与图2-2所示类似，但直径A、B有所不同；其中，直径A为0.96mm，直径B为5.33mm。

（4）5类4对26AWG屏蔽软线。它由4对线和一根26AWG漏电线组成，传输频率为100MHz。它的物理结构与图2-3所示类似；但直径A、B有所不同，其中，直径A为0.94mm，直径B为5.33mm。

（5）5类25对24AWG非屏蔽电缆。它由25对线组成，为用户提供了更多的可用线对，实现高速数据通信应用。缆线由

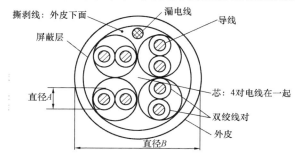

图2-3 5类4对24AWG100Ω屏蔽电缆

直径A：1.07mm；直径B：6.47mm

24AWG 硬铜导线构成，外皮采用高密度阻燃聚氯乙烯。定级为 Plenpus 的电缆可不使用导管在通风管中安装，传输频率为 100MHz。导线色彩编码组成见表 2-3，物理结构如图 2-4 所示。

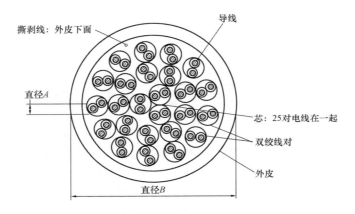

图 2-4 5 类 25 对 24AWG 非屏蔽电缆

表 2-3 25 对导线色彩编码

线 对	色 码	线 对	色 码
1	白蓝、蓝白	14	黑棕、棕黑
2	白橙、橙白	15	黑灰、灰黑
3	白绿、绿白	16	黄蓝、蓝黄
4	白棕、棕白	17	黄棕、棕黄
5	白灰、灰白	18	黄绿、绿黄
6	红蓝、蓝红	19	黄棕、棕黄
7	红橙、橙红	20	黄灰、灰黄
8	红绿、绿红	21	紫蓝、蓝紫
9	红棕、棕红	22	紫橙、橙紫
10	红灰、灰红	23	紫绿、绿紫
11	黑蓝、蓝黑	24	紫棕、棕紫
12	黑橙、橙黑	25	紫灰、灰紫
13	黑绿、绿黑		

对于双绞线对数大于 25 对的电缆，按 25 对线一组分成几个结合组，每个结合组按缠绕在 25 对束缆上的特定颜色的塑料绑带加以区分。双绞线电缆的型号，如图 2-5 所示。

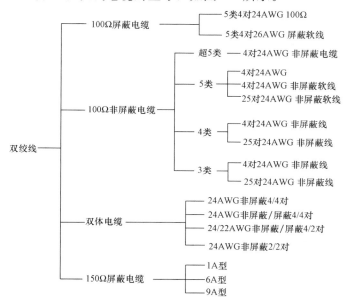

图 2-5　双绞线电缆的型号

🔭第二节　双绞线电缆连接器件

一、电缆连接器

（一）RJ45 模块

RJ45 模块是布线系统中信息插座（即通信引出端）连接器的一种，连接器由插头和插座组成，连接于导线之间，以实现导线的电气连续性。RJ45 模块是连接器中最重要的一种插座。模块的核心是模块化插孔。镀金的导线或插座孔可维持与模块化的插座弹片间稳定而可靠的电器连接。由于弹片与插孔间会产生摩擦作用，电接触随着插头的插入得到进一步加强。插孔的主体设计采用整体锁定机制，这样当模块化插头插入时，插头和插孔的界面外会产生最大的拉拔强度。RJ45 模块上的接线模块通过"U"形接线槽来连接双绞线，锁定弹片可在面板等信息出口装置上固定 RJ45 模块。RJ45 模块如图 2-6 所示。

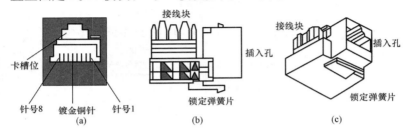

图 2-6 RJ45 模块

（a）正视图；（b）侧视图；（c）立体图

（二）RJ45 接头

RJ45 接头俗称水晶头，是铜缆布线中的标准连接器，它与插座（RJ45 模块）共同组成一个完整的连接器单元。这两种元件组成的连接器连接于导线之间，用于实现导线的电气连续性。同时，它也是成品跳线里的一个组成部分。RJ45 接头如图 2-7 所示。

二、电缆配线架

电缆配线架是综合布线系统的核心产品，它起着传输信号的灵活转接、灵活分配以及综合统一管理的作用。综合布线系统的最大特性就是利用同一接口和同一种传输介质，让各种不同信息在上面传输。这种特性主要是通过连接不同信息的电缆配线架之间的跳接来实现的。

电缆配线架按跳线类型的不同可分为夹接式（110A）和插接式（110P）两种。110A 和 110P 两种硬件的电气性能完全相同。对线路不进行改动、移位或重新组合时，宜使用夹接线（110A）方式；需经常重组线路时宜使用插接线（110P）方式。110A 可应用于所有场合，特别适用于信息插座较多的建筑物。

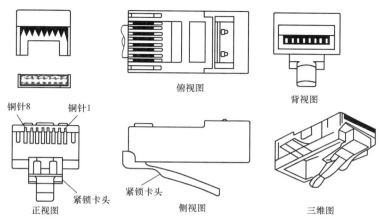

俯视图

背视图

铜针8 铜针1

紧锁卡头

紧锁卡头

正视图

侧视图

三维图

图 2-7 RJ45 接头

（一）110A 连接硬件

（1）夹接式（110A）配线架。配线架是装有若干齿形条的塑料件组成的模块，用于提供布线系统的电缆连接。OA 配线架每行齿形条上都有金属片的夹子，可端接 25 对双绞线。接入的待端接导线沿着配线架通过不干胶色标从左向右依次放入齿形条间槽缝里，再用一个专用冲击工具将连接块"冲压"到配线架上，以实现电缆的连接，如图 2-8 所示。

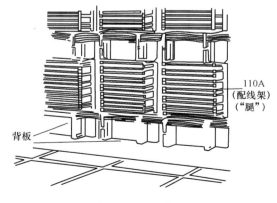

110A
（配线架）
（"腿"）

背板

图 2-8 110A 装置

（2）托架。托架是个小的塑料部件，被装扣到配线架 110A 的"支撑腿"上，用于保持在一列顶部和底部的交叉连接线，如图 2-9 所示。

（3）背板。金属或塑料的背板用于将 110A 配线架分开，以便提供水平方向走线空间，如图 2-10 所示。此背板上装有两个封闭的塑料布线环，以保持交叉连接线。

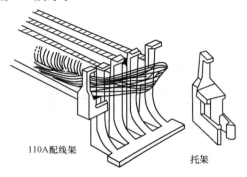

110A配线架

托架

图 2-9 配线架和托架

（二）110P 连接硬件

（1）接插式（110P）配线架。与 110A 配线架不同，110P 没有"支撑腿"，只有水平跳线过线槽及背板组件，这些槽允许安装者向顶布线或自底布线，如图 2-11 所示。由于快接式跳线，故需用较多的空间。与 110A 一样，该模块也是每行端接 25 对线。

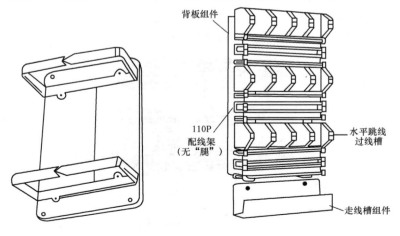

背板组件

110P
配线架
（无"腿"）

水平跳线
过线槽

走线槽组件

图 2-10 背板

图 2-11 110P 装置

（2）接插线。接插线是预先装有连接器的用于 110P 硬件的接插件，只要把插头夹到所需位置，就可完成交连。它们有 1 对线、2 对线、3 对线、4 对线 4 种，有各种尺寸的长度，如图 2-12 所示。接插线内部的固定连接能防止极性接反或线对错接。

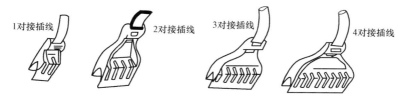

图 2-12　接插线

（三）110 连接块

110 连接块是 110 配线架的"心脏"，它是一个小型阻燃塑料段，内含上下连通的熔锡（银）接线柱，可压至配线架齿形条上。在配线架中已将线放置好，连接块中的电气触点将连线与连接块的上端接通而无需剥除线对的绝缘护皮。连接块是双面端接的，因此交叉连接线可用工具压到它的上面，110 连接块如图 2-13 所示，有 3 对线、4 对线和 5 对线 3 种规格。

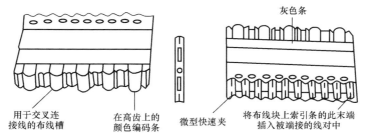

图 2-13　110 连接块

（四）110 快接跳线

110 快接跳线分为两种：一种是跳线的两端都是 110 插头 4 对型；另一种是跳线一端是 110 插头，另一端是 8 针 RJ45 插座。这两种跳线的标准长度均为 0.6～2.7m。

（五）110 跳线过线槽

110 跳线过线槽是一个水平的过线槽，位于配线模块之上，以便布放快接式跳线，如图 2-14 所示。

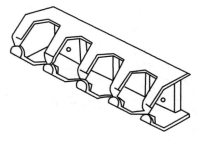

图 2-14 110 跳线过线槽

（六）110 跳接系统终端架

110 跳接系统终端架分为 100、300 对和 900 对 3 种规格，它包括配线架，3 对、4 对、5 对 110C 连接块，带辫式连接头等。水平跳线槽在顶部和底部各装有一条。终端架有装配好的和散装的，装配好的架子已与 25 对接头接好，适用 22-26AWG 金属线，架上设有彩色标识以便快速连接。

（七）标识签（条）

标识签（条）是一种颜色编码塑料条，插扣到配线模块不同的行上，作为电缆的标识。

（八）连接夹和连接线

连接夹和连接线用于建立缆线之间的电气连通性，如图 2-15 所示。

图 2-15 B 连接夹外形

（九）电源适配器跳线

电源适配器跳线用于在配线间中将附属的电源连接到一个 4 对的连接块上。

（十）F 夹终端绝缘子

F 夹终端绝缘子是一对红色的塑料夹，用于对要求专门保护及识别的线路进行保护和标记，其外形如图 2-16 所示。

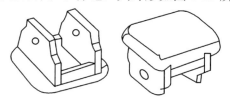

图 2-16　F 夹终端绝缘子外形

（十一）D 测试软线

D 测试软线是一对软线，用于在每个终端位置处提供测试，长度分为 1.2m 和 2.4m 两种。为了能与 110 型连接块互连，在其插头上装有一个锁定机构。

（十二）F 交叉连接线

F 交叉连接线是 0.5m 的软线，它们有 1、2 对和 3 对各种类型和不同的尺寸，适用于不同区域之间的交叉连接。

第三节　同　轴　电　缆

一、同轴电缆的物理结构

同轴电缆由一根空心的外圆柱导体及其所包围的单根内导线组成。柱体与导线用绝缘材料隔开，其频率特性比双绞线好，可进行较高速率的传输。由于它的屏蔽性能好，抗干扰能力强，通常多用于基带传输。

同轴电缆由中心导体、绝缘材料层、网状织物屏蔽层以及外部隔离材料层组成，其结构如图 2-17 所示。

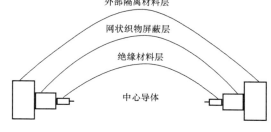

外部隔离材料层

网状织物屏蔽层

绝缘材料层

中心导体

图 2-17　同轴电缆结构示意图

同轴电缆具有柔性，能支持 254mm（10in）的弯曲半径。中心导体是直径为（2.17±0.013）mm 的实心铜线。绝缘材料要求满足同轴电缆电气参数。屏蔽层由满足传输阻抗和 ECM 规范说明的金属带或薄片组成，屏蔽层的内径为 6.15mm，外径为 8.28mm。外部隔离材料一般采用聚氯乙烯（如 PVC）或类似材料。

二、同轴电缆的命名规则

我国同轴电缆命名的规则如图 2-18 所示。

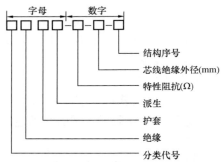

图 2-18 同轴电缆命名规则

图 2-18 中主要字母代号的意义表示如下：

（一）分类代号

S——射频同轴电缆；

SE——射频对称电缆；

ST——特种射频电缆。

（二）绝缘

Y——聚乙烯；

F——聚四氟乙烯；

X——橡皮；

W——稳定聚乙烯；

D——稳定聚乙烯空气；

U——氟塑料空气。

（三）护套

V——聚氯乙烯；

Y——聚乙烯；

W——物理发泡；

D——锡铜；

F——氟塑料。

（四）派生

Z——综合/组合电缆（多芯）；

P——多芯再加一层屏蔽铠装。

三、同轴电缆的分类

（一）按传输带宽分类

根据传输频带不同，同轴电缆可分为基带同轴电缆和宽带同轴电缆两种

1. 基带同轴电缆

基带同轴电缆是指特性阻抗为 50Ω 的电缆，用于数字传输，其带宽取决于电缆长度。1km 的电缆可以达到 $1\sim2Gb/s$ 的数据传输速率。还可使用更长的电缆，但是传输速率就要降低或要使用中间放大器。目前，同轴电缆大量被光纤取代，但仍广泛应用于有线电视和某些局域网。

2. 宽带同轴电缆

宽带同轴电缆是指使用有线电视电缆进行模拟信号传输的同轴电缆系统。宽带同轴电缆的传输性能要高于基带同轴电缆，但它需要附加信号处理设备，安装比较困难，适用于长途电话网、电缆电视系统和宽带计算机网络。常用的宽带同轴电缆为 75Ω 电缆，最高速率为 20Mb/s，可用于传输数据、语音和影像信号，传输距离可达几千米。

（二）按电缆的粗细分类

1. 粗缆

传输距离长，性能好。但成本高，网络安装、维护困难，一般用于大型局域网的干线，连接时两端需终接器。一般要求：

（1）粗缆与外部收发器相连。

（2）收发器与网卡之间用 AUI 电缆相连。

（3）网卡必须有 AUI 接口（15 针 D 型接口），每段 500m，100 个用户，4 个中继器可达 2500m，收发器之间最小 2.5m，收发器电缆最长 50m。

2. 细缆

与 BNC 网卡相连，两端装 50Ω 的终端电阻。T 形头之间最小距离 0.5m。细缆网络每段干线长度最长为 185m，每段干线最多接入 30 个用户。如采用 4 个中继器连接 5 个网段，网络最长距离可达 925m。

细缆安装比较容易，造价较低，但日常维护不方便，一旦一个用户出现故障，便会影响其他用户的正常工作。

（三）按内、外导体间绝缘介质的处理方法分类

1. 实芯同轴电缆

实芯同轴电缆是最早采用的射频同轴电缆，这种电缆的内、外导体间填充实芯的绝缘材料，目前已基本被淘汰，国产常用型号为 SYV 系列。

2. 藕芯同轴电缆

藕芯同轴电缆是将聚乙烯绝缘介质材料经过物理加工，使之成为纵孔状（藕芯状）半空气绝缘介质。信号在这种介质电缆中的传输损耗比在实芯同轴电缆中要小得多，这种电缆的最大缺点是防潮、防水性能差，孔内容易积水，使性能变差影响传输效果，国产常用型号为 SYKV、SDVC 等系列，这是目前有线电视分配网络中普遍采用的一种传输线。

3. 物理发泡同轴电缆

物理发泡同轴电缆是在聚乙烯绝缘介质材料中注入气体（如氮气），使介质发泡，通过选择适当工艺参数使之形成很小的互相封闭的均匀气泡。这种电缆是新型的电视电缆，其性能稳定，不易受潮，使用寿命长，传输损耗低。在较大型有线电视系统中，一般均采用该电缆作为干线传输线。

4. 竹节电缆

竹节电缆的聚乙烯绝缘介质经物理加工，成为竹节状半空气绝缘介质。这种电缆与物理发泡电缆具有同样的优点，但由于对生产工艺和环境条件要求高，产品规格受到一定限制。国产型号为 SYDV 系列，这种电缆一般作为干线传输线。

四、同轴电缆的性能参数

（一）特性阻抗 Z_c

有线电视系统中采用的馈线粗细均匀，馈线之间的距离处处相等，则沿线各处的分布参数都相同，这种馈线称为均匀馈线。当馈线为行波工作状态（即匹配状态）时，馈线上任意一点的阻抗均为 Z_c。

特性阻抗只取决于同轴电缆内、外导体的半径、绝缘介质和信号频率。在一定频率下，无论线路有多长，特性阻抗都是不变的。

（二）衰减常数 β

信号在馈线传输过程中存在能量损耗，包括导体传输损耗和绝缘材料的传输损耗。这些损耗用功率损耗来衡量，功率损耗用衰减常数 β 表示，单位为 dB/m、dB/100m、dB/km 等。

工程上通常认为衰减常数 β 与工作频率 f 的平方根成正比，即

$$\beta \approx K\sqrt{f} \quad (\text{dB/km}) \qquad (2\text{-}1)$$

由此可见，频率越高的电视频道，同轴电缆传送电视信号时的损耗就越大。由于在有线电视系统中要同时传送多个频道的电视信号，因此当电视信号经过一定长度的电缆传输后，高、低频道信号的电平就出现了电平差，电缆越长，电平差就越大，这种电平差称为斜率。当放大器输入电平差不小于 3dB 时，就会使放大器产生严重的非线性失真。为了克服同轴电缆的斜率，需在放大器的输入端外加斜率均衡功能来补偿同轴电缆的频率特性。

（三）波长缩短系数 δ

电视信号在电缆馈线上传输时，由于绝缘介质的影响，电视信

号的波长将会缩短，波长缩短的程度，即电视信号在电缆馈线上传输的波长 λ 与它在空间传播的波长 λ_0 之比，称为波长缩短系数。

了解波长缩短系数，便于在利用同轴电缆馈线进行阻抗匹配时能正确确定同轴电缆馈线的实际长度。

（四）温度系数

信号在电缆中传输的损耗随着环境温度的变化而变化的这种特性称为电缆的温度特性，通常用温度系数表示，一般情况下，温度每变化 1℃，电缆损耗变化约为 0.2%，即温度系数为 0.2%/℃。如果有一条干线，其总损耗量（又称电长度）为 100dB，温度每变化 1℃，损耗就要变化 0.2dB，若一年中温度变化为 ±30℃，就会产生 ±6dB 的变化，这将导致用户无法正常收看电视图像。还会导致电缆的斜率随温度而变化。

（五）直流回路电阻

芯线导体的电阻与屏蔽层的电阻之和不超过 $10^{-3}\Omega/\mathrm{m}$。

五、同轴电缆的性能特点

（一）传输特性

（1）电缆的内导体半径越大，其衰减也就越小。因此，大系统长距离传输多采用内导体粗的电缆。

（2）在同型号电缆中，绝缘物外径越粗，对电波的损耗就越小。

（3）同轴电缆呈低通特性。对每一种同轴电缆而言，其高频电波上的损耗都比较大，而在低频电波上的损耗则比较小。

（4）由于同轴电缆的内外导体是金属，中间是塑料或空气介质，所以电缆的衰减与温度有关，温度越高，衰减越大。

（二）连通特性

同轴电缆支持点—点连接，也支持多点连接。宽带同轴电缆可支持数千台设备的连接，基带同轴电缆可支持数百台设备的连接。

（三）抗干扰性

同轴电缆的结构决定了其具有相当强的抗干扰能力。此外，同轴电缆的价格比较便宜，介于双绞线和光缆之间。

　　在相当长的时间内，我国 CATV 系统仍将同轴电缆作为主流产品。但在语音和数据传输系统中它已被双绞线和光缆所代替。

六、常用的同轴电缆

　　常用同轴电缆的规格及应用见表 2-4。

表 2-4　　　　　　　　　　　常用同轴电缆的规格及应用

序号	规　格	特性阻抗（Ω）	应　用	备　注
1	RG-8 或 RG-11	50	计算机网络	RG-8 是以太网粗缆
2	RG-58	50	计算机网络	RG-58 是以太网粗缆
3	RG-59	75	有线电视系统	外径为 8.28mm
4	RG-62	93	ARCnet 网络 IBM3270 和网络	—

第四节　同轴电缆连接器件

一、粗缆的连接器件

　　（1）N 系列连接器插头。安装在粗缆段的两端。

　　（2）N 系列桶形连接器。用于连接两段粗缆。

　　（3）N 系列终端匹配器。N 系列 50Ω 的终端匹配器安装在干线电缆段的两端，用于防止电子信号的反射。干线电缆两端的终端匹配器必须有一个接地。

二、细缆的连接器件

　　（1）BNC 连接器插头。安装在细缆段的两端。

　　（2）BNC 桶形连接器。用于连接两段细缆。

　　（3）BNC-T 型连接器。细缆 Ethernet 上的每个结点通过 T形连接器与网络进行连接，其水平方向的两个插头用于连接两段细缆，与之垂直的插口与网络卡上的 BNC 连接器相连。

　　（4）BNC 终端匹配器。BNC50Ω 的终端匹配器安装在干线段的两端，用于防止电子信号的反射。干线段电缆两端的终端匹配器必须有一个接地。

第五节 光 纤

一、光纤的结构

光纤又称光导纤维，是一种传输光束的细微而柔韧的介质，通常把石英玻璃预制棒拉成细丝，由纤芯和包层构成双层同心圆柱体，如图 2-19 所示。图中的中心部分为纤芯，其直径为 $5\sim75\mu m$，纤芯外面的部分为包层，其直径为 $100\sim150\mu m$，纤芯与包层的成分均为玻璃，它们之间唯一的不同之处就在于折射率，包层的折射率 n_2 小于纤芯的折射率 n_1，以使光信号封闭在纤芯内。

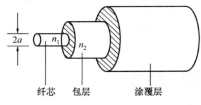

图 2-19 光纤结构

由纤芯和包层组成的光纤称为裸光纤。由于裸光纤较脆、易断，为了保护光纤表面，提高光纤的抗拉强度以便于使用，通常在裸光纤外面加涂覆层形成光纤芯线，一次涂覆所用材料为硅酮树脂或聚氨基甲酸乙酯，一次涂覆的外面为套塑，套塑又称为"二次涂覆"或"被覆"，套塑的材料多为聚乙烯塑料或聚丙烯塑料、尼龙等。

光纤并非只有玻璃光纤一种，塑料光纤是近年来出现的另一种光纤产品，广泛应用于数据传输、汽车行业、传感器、光导系统、各类装饰及大型展览等行业。如果没有特别说明，光纤通常指的都是玻璃光纤。

二、光纤的特点

（1）传输激光信号的效率很高。

（2）较宽的频带。

（3）电磁绝缘性能好。光纤中传输的是光束，光束是不受外界电磁干扰影响的，其本身也不向外辐射信号，因此它适用于长距离的信息传输以及要求高度安全的场合。抽头困难是光纤固有的难题，因为割开光纤需要再生和重发信号。

（4）衰减较小，可以说在较大范围内是一个常数。由于衰减较小，中继器的间隔距离较大，因此可以减少整个通道中继器的数目，这样就可降低成本。根据贝尔实验室的测试，当数据速率为 420Mb/s 且距离为 119km 无中继器时，其误码率为 10^{-8}，可见其传输质量很好。而同轴电缆和双绞线每隔千米就需要接中继设备。

三、光纤的分类

按照传输模式，光纤可分为单模光纤和多模光纤两种。

（一）单模光纤

单模光纤的外径为 $125\mu m$，其芯径较小，一般为 $8\sim10\mu m$，对目前用得最多的 $1.3\mu m$ 工作波长的常规单模光纤来说，纤芯包层的最大相对折射率差为 $0.003\sim0.004$。因此单模光纤的数值孔径和特征频率都比多模光纤小很多。单模光纤只能传输基模（最低阶模），因此不存在模间时延差，具有比多模光纤大得多的带宽，一般可在几十千赫千米以上，比渐变多模带宽高 $1\sim2$ 个数量级，这对于高码速传输来说是非常重要的。在单模光纤制造中，只要合理控制相对折射率差和芯径，就可以保证单模传输。因此为了制造工艺简单，$1.31\mu m$ 波长的单模光纤一般都采用突变型折射率分布。单模光纤结构及光波传输方式如图 2-20 所示。

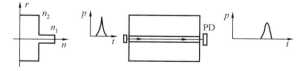

图 2-20　单模光纤结构及光波传输方式

（二）多模光纤

多模光纤纤芯较粗（$50\mu m$ 或 $62\mu m$），能传输多个模式，它用于 $0.85\mu m$ 和 $1.30\mu m$ 的波长，纤芯的外径为 $125\mu m$。多模光纤分为突变型和渐变型两种。

突变型多模光纤结构最为简单，如图 2-21（a）所示。其纤芯中心到包层的折射率是突变的，制造工艺易于实现，成本低，是光纤研究的初期产品。这种光纤的模间时延差大，模间色散高，传输带宽只能达到几十兆赫千米，适用于短途低速通信。

渐变型多模光纤如图 2-21（b）所示，其纤芯中心到包层的折射率是逐渐变小的。渐变型多模光纤的带宽虽比不上单模光纤，但其芯径大，对接头和活动连接器的要求不高，使用起来比单模光纤在某些方面要方便，因此大量应用于综合布线系统的局域网中。典型渐变多模光纤其芯径和外径分别为 $50\mu m$ 和 $125\mu m$。

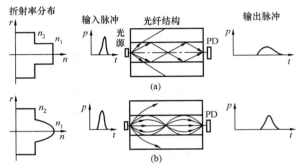

图 2-21 多模光纤结构及光波传输方式

（三）单模光纤与多模光纤的比较

（1）单模光纤与多模光纤纤芯和外皮尺寸的比较见表 2-5。

表 2-5 　　单模光纤与多模光纤纤芯和外皮尺寸的比较

光　　纤	单模光纤	多模光纤
纤芯直径	$8.3\mu m$	$50\sim62.5\mu m$
包层外直径	$125\mu m$	$125\mu m$

注　在 $800\sim900nm$ 短波波段、$1250\sim1350nm$ 长波波段、$1500\sim1600nm$ 长波波段中，光纤传输性能表现最佳，尤其是当运行于波段的中心波长时，所以多模光纤的运行波长为 $850nm$ 或 $1300nm$，而单模光纤运行波长则为 $1310nm$ 或 $1550nm$。

（2）单模光纤与多模光纤的特性比较见表 2-6。

表 2-6　　　　　　　**单模光纤与多模光纤的特性比较**

单 模 光 纤	多 模 光 纤
用于高速度，长距离	用于低速度，短距离
成本较高	成本比较低
芯径较小，需要激光源	芯径较大，聚光度较好
耗散很小，效率高	耗散比较大

四、光纤的性能参数

1. 光纤芯径（$2a$）

$2a$ 为光纤纤芯直径，这是光波导的几何尺寸。一般，芯径越大，集光效应就越好，越有利于远距离传输。过大的芯径会带来一些不利影响，如成本增加、模式不易控制等。那么究竟多大合适，经过国际上各国专家讨论共同制定了 CCITT 的有关标准。多模光纤的芯径和包层的尺寸应为 $50/125\mu m$，单模光纤的芯径应不大于 $10\mu m$，包层直径也是 $125\mu m$。

2. 光纤的数值孔径

从光源入射到光纤端面上的光，一部分能进入光纤端面，不一定能在光纤中传播，只有满足一定条件的光才能在光纤中发生全反射而传输到远方。即光纤的导光特性基于光射线在纤芯与包层界面上的全反射，使光线限定在纤芯中传播。

在图 2-22 中，光线是从空气中以入射角 φ 射入光纤（石英）端面的，空气折射率 $n_0 = 1$，介质（石英）折射率 $n \approx 1.5$，即光线从低折射率介质（空气）向高折射率介质（石英）传播。因此，光线射入光纤端面时入射角 φ 总大于折射角 ψ。

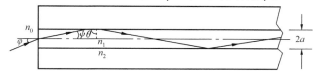

图 2-22　光在纤芯中的传播

若使光线在纤芯与包层界面上全反射而完全限制在光纤内传播，则必须使光线在纤芯——包层界面上的入射角 θ 大于临界角 θ_c，即

$$\sin\theta_c = \frac{n_2}{n_1} \qquad \theta \geqslant \theta_c = \arcsin\left(\frac{n_2}{n_1}\right)$$

理论分析表明，相应于全反射的临界角 θ_c 的入射临界角 φ_0 反映了光纤集光能力的大小，称为数值孔径角。凡角度在 φ_0 以内的入射光线均可在光纤内传播，定义入射临界角 φ_0 的正弦为光纤的数值孔径。

光纤的数值孔径是由光纤本身决定的，它只与纤芯、包层的折射率有关，与光源无关。光纤的数值孔径表示光纤接收入射光的能力。数值孔径越大，入射临界角 φ_0 越大，则光纤接收光的能力也越强。从立体的观点来看，$2\varphi_0$ 是一个圆锥，从光源发出的光中只有入射在该圆锥内的光才能在光纤中形成全反射向前传播。因此，从增加进入光纤的光功率的观点来看，数值孔径越大越好，但随之而来的是光纤的多模畸变（色散）也因数值孔径的加大而加大，这将影响光纤的带宽。

以上分析的是光波在均匀介质中的传播情况。如果介质是非均匀的（如光纤纤芯的折射率是中心最高，随着半径增大而逐渐减小，即渐变型光纤的情况），此时我们可以将纤芯分割成无数个同心圆，每两个圆之间的折射率可以看作是均匀的，光在这种介质中传播时，将会不断发生折射，形成正弦波形的轨迹。

3. 特征频率（归一化频率）

在光纤中，既满足全反射条件又满足相位一致条件的模式才能传播，其他模式则被截止。由此可知，归一化频率或归一化波导宽度，可决定传输模式数的多少及最大的模式数，即可决定截止模式。

4. 波长

光波也是电磁波的一种，其波长在微米级，频率为 $10^{14}\,\text{Hz}$ 数量级。目前使用的光纤大多工作在 800～1800nm。1310nm 和

1550nm 是两个低损耗的窗口区，使用的光纤其工作波长大多工作在这两个特性波长的附近。

五、光纤的传输特性

（一）光纤的传输衰减

光信号沿光纤传输的过程中，光能逐渐减小的现象称为光纤的传输衰减（或损耗）。光纤的传输衰减是光纤通信的主要传输参数之一。各类光纤的传输衰减可分为固有衰减和附加衰减两部分。

（二）光纤的色散

色散、脉冲展宽和传输频带宽度（简称带宽）都是从不同角度来描述同一光纤特性的。

1.色散的含义

由不同模式或不同频率（或波长）成分组成的光信号在光纤中传输时，由于群速度不同而引起信号畸变的物理现象称为光纤的色散。

光纤的色散分为模式色散（或模间畸变）、材料色散以及波导色散。后两种色散是某一模式本身的色散，也称模内色散。

2.色散对光信号的影响

光纤的色散会导致光信号的波形失真，表现为脉冲展宽，它是光纤的时域特性。脉冲展宽也称脉冲信号的延时失真。这种延时失真的大小是由光纤的色散特性所决定的。

对于数字通信系统来讲，光信号的脉冲展宽是一项重要指标。脉冲展宽过大就会引起相邻脉冲间隙减小，相邻脉冲将会产生部分重叠而使再生中继器发生脉冲判断错误，从而使误码率增加，限制了光纤的传输容量。

第六节　光　　缆

一、光缆的分类

（一）按光源波长分类

综合布线所用光纤有 3 个波长区：①0.85μm 波长区（0.8～

0.9μm)；②1.31μm 波长区（1.25～1.35μm）；③1.55μm 波长区（1.50～1.60μm）。

不同的波长范围光纤损耗也不相同，其中 0.85μm 和 1.30μm 波长为多模光纤通信方式，1.31μm 和 1.55μm 波长为单模光纤通信方式。建筑物综合布线常用的两个波长为 0.85μm 和 1.31μm。

（二）按应用环境分类

1. 室外光缆（OSP 光缆）

室外光缆采取独特的缆芯设计，有带状的和束管式的，并且有多种护套选项。综合布线通常采用束管式的，在保护层内填满相应的复合物，护套采用高密度的聚乙烯，加上增强的钢丝或玻璃纤维，可提供额外的保护，以防止环境对它造成损害。这类光缆主要用于建筑群干线子系统，其安装方式有架空、管道和直埋三种。

2. 室内光缆

室内光缆分为建筑物光缆（IGBC）和互连光缆（光纤软线）两种。建筑物光缆常采用增强型缓冲带，它与室外光缆的设计相似，由防火材料构成，可用于建筑物内干线子系统和水平子系统。互连光缆（光纤软线）由单根或两根光纤构成，可将光学互连点或交连点快速地与设备互连起来。

（三）按纤芯直径分类

1. 8.3μm 突变型单模光纤

这类光纤的包层直径为 125μm，其结构如图 2-23 所示。

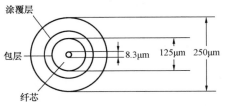

图 2-23 8.3/125μm 突变型单模光纤

单模光纤常用于传输距离大于 2km 的建筑群。由于这种光纤纤芯直径小，在建筑物中，与采用 LED 驱动的数据链路器件耦合时，会发生物理不兼容的问题，且价格较贵，所以，在建筑物内或传输距离小于 2km 时很少使用。

2. 62.5μm 渐变增强型多模光纤

这类光纤的包层直径也为 125μm，其结构如图 2-24 所示。

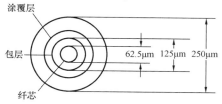

图 2-24　62.5/125μm 渐变增强型多模光纤

62.5/125μm 光纤可应用于所有的建筑物综合布线。这是因为它的物理特性和传输特性与建筑物布线环境中应用系统设备的光电转换器件相兼容。62.5/125μm 的大纤芯有以下优点：

（1）光耦合效率高。

（2）光纤对准要求不太严格，需要较少的管理点和接头盒。

（3）对微弯曲损耗不太灵敏。

（4）符合 FDDI 标准。

（四）按缆芯结构分类

（1）层绞式（绞合式）。这类光缆内含光纤数较少，通常在 12 芯以下。如果纤数较多，则做成单位绞合式，每单位可有 6～12 根光纤。层绞式光缆的结构如图 2-25（a）所示。

（2）骨架式。这类光纤在塑料骨架槽中，通常都是 V 形槽，每槽可放 1～18 根一次涂覆光纤，一条缆内可有十到上百根光纤，槽数根据光纤设计，槽中充入油胶用于保护光纤，槽的作用与松套管相似，这种结构简单，保护性好，耐压抗弯，省松套管。但放纤入槽的工艺要求较高。骨架式光缆的结构如图 2-25（b）所示。

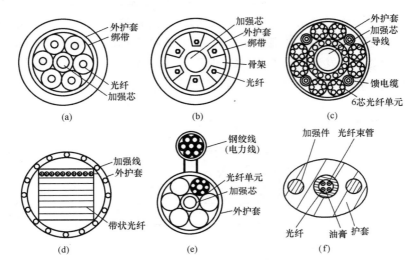

图 2-25 按缆芯结构分类的光缆

(a) 层绞式；(b) 骨架式；(c) 单元式；

(d) 叠带式；(e) 自承式；(f) 束管式

(3) 单元式。由多芯光纤芯线的松套光纤束组成，这类光缆可以看成是层绞式光缆的扩展，它可容纳的纤数可以很多。单元式光缆的结构如图 2-25 (c) 所示。

(4) 叠带式。由带状光纤芯线组成，一条护套外径仅为 12mm 的光缆中，可容纳 12 层×12 根光纤带（总共 144 根）的正方形叠层。叠带式光缆的结构如图 2-25 (d) 所示。

(5) 自承式。这种光缆在架空安装上很方便，而且可与电力电缆公用架杆，这样可节省许多安装材料和安装空间。自承式光缆的结构如图 2-25 (e) 所示。

(6) 束管式。中心束管相当于把松套管扩大至整个缆芯，成为一管腔，将光纤集中放入其中，这样可以改善纤丝受压、受拉、受弯的能力。光纤活动空间很大，加强件也由中心移到护层中，所以缆芯可以很细。总纤数可达上百根，大束管作成螺旋空腔型结构，抗侧压能力略强，但抗拉能力较低。束管式光缆的结构如图 2-25 (f) 所示。

（五）按光缆护层结构分类

（1）无铠装光缆。其缆芯外包一层 PAP 作防潮用，然后配 PE 外护层，也有用吸水材料代替 PAP 作防潮层，并用 FRP 和 kevlar 做加强元件，制成无金属光缆。这类光缆适用于管道、架空，其结构如图 2-26 (a) 所示。

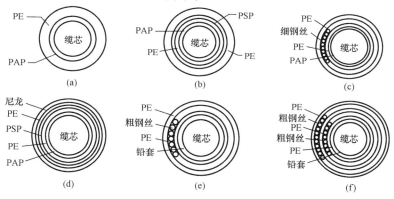

图 2-26 按护层结构分类的光缆

（a）无铠装光缆；（b）皱纹钢带铠装光缆；（c）细钢丝铠装光缆；
（d）钢带铠装防蚁光缆；（e）单钢丝铠装光缆；（f）双钢丝铠装光缆

（2）皱纹钢带铠装光缆。从缆芯向外依次为 PAP 防潮、PE 护层、PSP 铠装（0.15～0.20mm）、侧压低（0.3～0.4mm）、侧压高，外面再包一层 PE。这类光缆适用于直埋，其结构如图 2-26 (b) 所示。

（3）细钢丝铠装光缆。从缆芯向外依次为 PAP 防潮、PE 护层、细钢丝铠装、PE 外护套共 4 层。这类光缆适用于一般河流以及坡度比较大的地段，其结构如图 2-26 (c) 所示。

（4）钢带铠装防蚁光缆。它在第二种皱纹钢带铠装光缆最外层加涂一层厚度为 0.7mm 尼龙。这类光缆一般适用于直埋且需防蚁地段，其结构如图 2-26 (d) 所示。

（5）单钢丝铠装光缆。从缆芯向外依次为铅套（PAP 或

PSP)、PE 护层、粗钢丝铠装、PE 外护套。这类光缆适用于大河以及地质不稳定地段，其结构如图 2-26（e）所示。

（6）双钢丝铠装光缆。它是在单钢丝铠装光缆最外层再加一层粗钢丝铠装和 PE 外护套。这类光缆适用于大河以及地质不稳定地段，其结构如图 2-26（f）所示。

光缆的 PE-PE 护层属于聚乙烯聚合高分子材料，适合用作光纤的外套；PAP-PAP 护层的铝箔厚度为 0.15～0.2mm，双面涂覆聚乙烯厚度为 0.03～0.05mm，采取纵向热熔搭接，此护层适用于作缆芯的防潮层；PSP-PSP 护层由一厚度为 0.15mm 的钢带两面涂覆乙烯丙烯酸共聚物构成，其防潮性能良好，机械性能优越，抗拉抗侧压能力较强，且韧性好，易弯曲，可防腐蚀、防鼠咬。

（六）混合电缆

混合电缆是由两个或两个以上不同型号（或类别）的电缆、光纤单元构成的组件，外面包覆一个总护套，总护套内还可设有一个总屏蔽。其中，仅由电缆单元构成的称为电缆，仅由光纤单元构成的称为综合光缆，由电缆单元和光纤单元构成的称为混合电缆，综合布线常用的混合电缆由两条 8 芯双绞电缆和两条带缓冲层的 $62.5/125\mu m$ 多模光纤构成，如图 2-27 所示。两条 8 芯双绞电缆中，一条为 3 类双绞电缆，另一条为 5 类双绞电缆。

单根光纤直径为 3.00mm，在光纤护套内及缠绕在光纤外围的纱线是用于增加拉力强度及压皱阻抗的。为了便于识别，其中一根光纤的缓冲层标蓝色，另一根光纤的缓冲层标橙色。

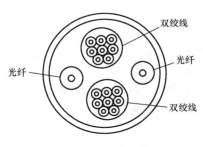

图 2-27　混合电缆

在同一外护套内可容纳不同种类的缆线，使得同一根混合电缆中可以支持信号等级差别很大的应用。

二、光缆的命名规则

（一）型式部分

型式部分可以分为 5 个部分，分别用代号表示，型式部分的代号见表 2-7。

表 2-7　　　　　　　　　型式部分的代号

分　类	加强构件	结构特征	护　套	外护层
GY	X	D	Y	
		S	A	
	F	T	S	
		Z	W	

表 2-7 的代号说明如下。

分类：

GY——室（野）外光缆。

加强构件：

X——中心管式结构；

无符号——金属加强构件；

F——非金属加强构件。

结构特征：

D——光纤带状结构；

S——光纤松套层绞结构；

T——填充式结构；

Z——自承式结构。

护套：

Y——聚乙烯护套；

A——铝—聚乙烯黏结护套；

S——钢—聚乙烯黏结护套；

W——夹带钢丝的钢—聚乙烯护套。

外护层。

（二）数字表示

光缆数字表示部分的意义见表 2-8。

表 2-8 外护层数字表示

铠装层		外被层或外套	
代 号	含 义	代 号	含 义
2	双钢带	1	纤维外被层
3	细圆钢丝	2	聚氯乙烯套
4	粗圆钢丝	3	聚乙烯套
5	皱纹钢带	4	聚氯乙烯套加覆尼龙套

三、常用的光缆

常用光缆的类型见表 2-9。

表 2-9 常用的光缆类型

常用光缆	应用范围	性能及优点	分 类
单芯互连光缆	(1) 跳线; (2) 内部设备连接; (3) 通信柜配线面板; (4) 墙上出口到工作站的连接	(1) 高性能的单模和多模光纤符合所有的工业标准; (2) 900μm 紧密缓冲外衣易于连接与剥除; (3) Aramid 抗拉线增强组织提高对光纤的保护; (4) UL/CSA 验证符合 OFNR 和 OFNP 性能要求	—
双芯互连光缆	(1) 交连跳线; (2) 水平走线,直接端接; (3) 光纤到桌; (4) 通信柜配线面板; (5) 墙上出口到工作站的连接	除具备单芯互连光缆所有的主要性能优点之外,还具有光纤之间易于区分的优点	—
分布式光缆	(1) 多点信息口水平布线; (2) 大楼内主干布线; (3) 从设备间到无源跳线间的连接; (4) 从主干分支到各楼层应用	(1) 高性能的单模和多模光纤符合所有的工业标准; (2) 900μm 紧密缓冲外衣易于连接与剥除; (3) 按照 EIA 标准色码标识; (4) UL/CSA 验证符合 OFNR 和 OFNP 性能要求; (5) 防护网可抵挡尖锐物损伤	多单元分散型 12 芯光缆、多单元分散式 24~72 芯光缆

续表

常用光缆	应用范围	性能及优点	分 类
分散式光缆	与分布式光缆用途相同		4、6、8、12芯
4～12芯室外光缆	（1）园区中楼宇之间的连接； （2）长距离网络； （3）主干线系统； （4）本地环路和支路网络； （5）严重潮湿、温度变化大的环境； （6）架空连接（与悬缆线一起使用）、地下管道或直埋、悬吊缆/服务缆	（1）高性能的单模和多模光纤符合所有的工业标准； （2）900μm 紧密缓冲外衣易于连接与剥除； （3）套管内具有独立TIA彩色编码的光纤； （4）轻质的单通道结构节省管内空间，管内灌注防水凝胶，以防止水渗入； （5）Aramid 抗拉线增强组织提高对光纤的保护； （6）聚乙烯外衣在紫外线或恶劣的室外环境中有保护作用； （7）低摩擦的外衣使之可轻松穿过管道，完全绝缘或铠装结构，撕剥线使剥离外衣更方便	分为铠装型和全绝缘型两种，规格有4、6、8、12芯
24～144芯室外光缆	与4～12芯室外光缆相比，它采用多管结构，注胶芯完全由聚酯带包裹		分为铠装型和全绝缘型两种，规格有24、36、48、60、72、96、144芯
单管全绝缘型室内/室外光缆	（1）不需任何互连情况下，由户外延伸入户内，缆线具有阻燃特性； （2）园区中楼宇之间的连接； （3）本地线路和支路网络； （4）严重潮湿、温度变化大的环境； （5）架空连接（与悬缆线一起使用）时； （6）地下管道或直埋； （7）悬吊缆/服务缆	（1）高性能的单模和多模光纤符合所有的工业标准； （2）LSZH 的设计符合低毒、无烟的要求； （3）套管内具有独立TIA彩色编码的光纤； （4）轻质的单通道结构节省管内空间，管内灌注防水凝胶，以防止水渗入，注胶芯完全由聚酯带包裹； （5）Aramid 抗拉线增强强度，提高对光纤的保护； （6）聚乙烯外衣在紫外线或恶劣的室外环境中有保护作用； （7）低摩擦的外衣使之可轻松穿过管道，完全绝缘或铠装结构，撕剥线使剥离外衣更方便	4、6、8、12、24、32芯

第七节 光缆连接器件

一、光纤连接器

光纤连接器，俗称活接头，是用于连接两根光纤或光缆形成连续光通路的可重复使用的无源器件，已广泛应用在光纤传输线路、光纤配线架和光纤测试仪器仪表中，是目前使用数量最多的无源光器件。

（一）光纤连接器的基本结构

大多数的光纤连接器是由两个光纤接头和一个耦合器组成的。两个光纤接头装进两根光纤尾端，耦合器对准套管。另外，耦合器多配有金属或非金属法兰，以便于连接器的安装固定。光纤耦合器又称分歧器，是将光信号从一条光纤中分至多条光纤中的元件，属于光被动元件领域，在电信网路、有线电视网路、用户回路系统、区域网路中都会用到。光纤连接器也有单模、多模之分。

（二）光纤连接器的性能

光纤连接器的性能首先是光学性能，此外还要考虑光纤连接器的互换性、重复性、抗拉强度、温度和插拔次数等。

（1）光学性能。对于光纤连接器的光学性能方面的要求，主要是插入损耗和回波损耗这两个最基本的参数。插入损耗即连接损耗，是指因连接器的导入而引起的链路有效光功率的损耗。插入损耗越小越好，一般要求应不大于 0.5dB。回波损耗是指连接器对链路光功率反射的抑制能力，其典型值应不小于 25dB。实际应用的连接器，插针表面经过了专门的抛光处理，可使回波损耗更大，一般不低于 45dB。

（2）互换性和重复性。光纤连接器是通用的无源器件，对于同一类型的光纤连接器，一般都可任意组合使用，并可重复多次使用，由此而导入的附加损耗一般都小于 0.2dB。

（3）抗拉强度。对于做好的光纤连接器，一般要求其抗拉强度应不低于90N。

（4）温度。一般要求光纤连接器必须在—40～＋70℃的温度下才能正常使用。

（5）插拔次数。目前使用的光纤连接器一般都可插拔 1000次以上。

（三）光纤连接器的分类

按照不同的分类方法，光纤连接器可分为不同的种类。按照传输媒介的不同，可分为单模光纤连接器和多模光纤连接器。按照结构的不同，可分为 FC、SC、ST、D4、DIN、MT 等形式。其中，ST 连接器通常用于布线设备端，如光纤配线架、光纤模块等；而 SC 和 MT 连接器通常用于网络设备端。按照连接器插针端面的不同，又可分为 FC、PC（UPC）和 APC 三种形式。按照光纤芯数的差别，还有单芯、多芯之分。在实际应用中，一般按照光纤连接器结构的不同来加以区分。

另外，根据 ITU（国际电信联盟）的建议，光纤连接器可按光纤数量、光耦合系统、机械耦合系统、套管结构和紧固方式进行分类，见表 2-10。

表 2-10　　　　　　　　　光纤连接器的分类

光纤数量	光耦合系统	机械耦合系统	套管结构	紧固方式
单通道	对接	套筒	直套管	螺丝
多通道	透镜其他	V 形槽	锥形套管	销钉
单/多通道		锥形	其他	弹簧销
		其他		

（四）光纤连接器的对准方式

1. 高精密组件对准

高精密组件对准方式是最常用的方式，这种方法是将光纤穿入并固定在插头的支撑套管中，将对接端口进行打磨或抛光处理后，在套筒耦合管中实现对准。插头的支撑套管采用不锈钢、镶嵌玻璃或陶瓷的不锈钢、陶瓷套管、铸模玻璃纤维塑料等材料制成。插头的对接端进行研磨处理，另一端通常采用弯曲限制构件来支撑光纤或光纤软线以释放应力。耦合对准用的套筒一般是由陶瓷、玻璃纤维增强塑料（FRP）或金属等材料制成的两半合成的、紧固的圆筒形构件做成的。为使光纤对得准，这种类型的连接器对插头和套筒耦合组件的加工精度要求很高，需采用超高精密铸模或机械加工工艺制作。这一类光纤连接器的插入损耗在 0.18～3.0dB 之间。

2. 主动对准

主动对准连接器对组件的精度要求较低，可按低成本的普通工艺制造。但在装配时需采用光学仪表如显微镜、可见光源等辅助调节，以对准纤芯。为获得较低的插入损耗和较高的回波损耗，还需使用折射率匹配材料。

（五）常用的光纤连接器

按照不同的分类方法，光纤连接器可分为不同的种类。按传输介质的不同可分为单模光纤连接器和多模光纤连接器；按结构的不同，可分为 FC、SC、ST、D4、DIN、Biconic、MU、LC、MT 等各种型式；按连接器插针端面的不同，可分为 FC、PC（UPC）和 APC；按光纤芯数的差别，还有单芯、多芯之分。

在实际应用过程中，我们一般按照光纤连接器结构的不同来加以区分。各种常用光纤连接器的外形图如图 2-28 所示。

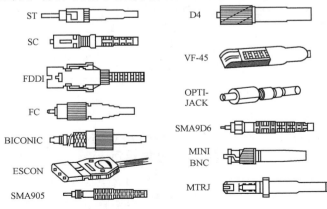

图 2-28 常用光纤连接器的外形图

1. FC 型光纤连接器

FC 型光纤连接器最早由日本 NTT 研制，其外部加强方式采用金属套，紧固方式为螺丝扣。最早的 FC 类型连接器，采用的陶瓷插针的对接端面是平面接触方式（FC）。这种连接器结构简单，操作方便，制作容易，但光纤端面对微尘较为敏感，提高回波损耗性能较为困难。后来，对该类型连接器做了改进，采用对接端面呈球面的插针（PC），而外部结构没有改变，这使得插入损耗和回波损耗性能都有了较大幅度的提高。

2. SC 型光纤连接器

SC 型光纤连接器由日本 NTT 公司开发。其外壳呈矩形，所采用的插针与耦合套筒的结构尺寸与 FC 型完全相同，其中插针的端面多采用 PC 或 APC 型研磨方式；紧固方式采用插拔销闩式，不需旋转。这种连接器价格低廉，插拔操作方便，介入损耗波动小，抗压强度较高，安装密度高。

3. ST 型光纤连接器

直接光纤连接器（ST）是由 AT&T 公司开发的，可能是目前使用最广泛的一种光纤连接器。其使用了一个类似于同轴电缆的附加连接装置，与细缆以太网使用的连接装置极为相似，这使得连接器的接通和断开都非常方便。ST 连接器的易用性是其流行的一个重要原因。

ST 和 SC 型接口是光纤连接器的两种类型。对于 10Base-F 连接来说，连接器通常是 ST 型的；对于 100Base-FX 来说，连接器大部分情况下为 SC 型。ST 连接器的纤芯外露，SC 连接器的纤芯在接头里面。

4. D4 型光纤连接器

D4 型光纤连接器是 FC 连接器的一个变型，其基本结构与 FC 连接器相同，只是在连接器的末端多了一个护帽，以防止光纤受到伤害。

5. DIN47256 型光纤连接器

DIN47256 型光纤连接器是由德国开发的。这种连接器采用的插针和耦合套筒的结构尺寸与 FC 型相同，端面处理采用 PC 研磨方式。与 FC 型连接器相比，其结构更为复杂，内部金属结构中有控制压力的弹簧，可避免因插接压力过大而损伤端面。另外，这种连接器的机械精度较高，因而介入损耗值较小。

6. 双锥形连接器

双锥形光纤连接器（BICONIC）中最有代表性的产品由贝尔实验室开发研制，它由两个经精密模压成形的端头，呈截头圆锥形的圆筒插头和一个内部装有双锥形塑料套筒的耦合组件构成。

7. FDDI 光纤连接器

自从光纤分布式数据接口（FDDI）的使用在局域网中越来越广泛，为 FDDI 设计的媒体接口连接器（MIC）就成为连接光纤，特别是 FDDI 的一种十分流行的选择。它是钥匙式的（连接器顶部的红色的突出接头），这样可保证连接器的正确连接。FDDI 连接器只用于多模光纤。

8. 企业系统连接器

企业系统连接器（ESCON）看上去与 FDDI（MIC）光纤连接器十分相似，不过 ESCON 连接器有一个可回收的外部封装，且其重复使用次数较少（大约只有 500 次）。

9. MT-RJ 型连接器

MT-RJ 起步于 NTT 开发的 MT 连接器，带有与 RJ45 型 LAN 电连接器相同的闩锁机构，通过安装于小型套管两侧的导向销对准光纤。为便于与光收发机相连，该连接器端面光纤为双芯（间隔 0.75mm）排列设计，是主要用于数据传输的下一代高密度光纤连接器。

10. LC 型连接器

LC 型连接器是由著名的贝尔实验室研究开发出来的，采用操作方便的模块化插孔（RJ）闩锁机理制成。它所采用的插针和套筒的尺寸是普通 SC、FC 等所用尺寸的一半（1.25mm），这可以提高光纤配线架中光纤连接器的密度。目前，在单模光纤方面，LC 型的连接器实际已经占据了主导地位，在多模光纤方面的应用也在迅速增长。

11. MU 型连接器

MU 型连接器以目前使用最多的 SC 型连接器为基础，是由 NTT 公司研制开发出来的世界上最小的单芯光纤连接器。该连接器采用 1.25mm 直径的套管和自保持机构，其优势在于能实现高密度安装。利用 MU 的 1.25mm 直径的套管，NTT 公司已经开发了 MU 连接器系列，主要有用于光缆连接的插座型连接器（MU-A 系列）、具有自保持机构的底板连接器（MU-B 系列）和用于连接 LD/PD 模块与插头的简化插座（MU-SR 系列）等。随着光纤网络向更大带宽、更大容量方向的迅速发展及密集波分复用（DWDM）技术的广泛应用，对 MU 型连接器的需求也将迅速增长。

二、光纤配线架

光纤配线架是光传输系统中重要的配套设备之一，主要用于光连接器的安装、光缆终端的光纤熔接、光路的调配、多余尾纤的存储和光缆的保护等。它对光纤通信网络的安全运行和灵活使用起着重要的作用。

（一）光纤配线架的基本功能

光纤配线架作为光缆线路的终端设备，具有固定、熔接、调配及存储四大功能。

（二）光纤配线架的结构

根据光纤配线架的不同结构，可分为壁挂式和机架式两种。壁挂式光纤配线架可直接固定于墙体上，一般为箱体结构，适用于光缆条数和光纤芯数均较少的场所。机架式光纤配线架可分为两种：一种是固定配置的配线架，其光纤耦合器被直接固定于机箱上；另一种则采用模块化设计，用户可根据光纤的数量和规格选择相对应的模板，便于网络的调整和扩展。

光纤内部连接单元 LIU 适用于纤芯小于 200 根的小型安装，LIU 的尺寸分别为 100A、200A 和 400A 三种，其容量分别为

12、24 根和 48 根光纤。

　　100A 光纤内部连接单元 LIU 可端接并存放最多 12 根光纤，使用 CSL 光接续或旋转机械接续。它是一个模块式封闭盒，在建筑物内为建筑光缆、带式光缆等提供跳接、内部连接或接续能力，有两个窗口提供安装连接面板。100A 的制成材料为工业聚酯，箱内包含 5 个塑料分离环整理单元内的松散光纤，两个缆线固定环提供穿越单元的过线通道。装在顶部和底部的连接柱分别固定从顶上和底下进入的光缆。100A LIU 可用塞子堵塞住光缆进线孔，用垫圈固定光缆。LIU 可安装于墙上和框架上。塑料分离环用来固定缓冲光纤以保持光纤不小于 3.81cm 的弯曲半径。

第三章

综合布线系统设计

第一节 工作区子系统设计

一、工作区子系统的设计步骤

（一）统计信息点数量

（1）用户需求明确，可以根据楼层弱电平面图图纸上请求的信息点位置来统计信息点数量和分布情况。信息点数量和分布情况是系统设计的基础，应认真、详细地完成统计工作。

（2）如果楼层弱电平面图中没有确定信息位置或者业务需求不明确，可根据系统设计等级和每层楼的布线面积来估算信息点的数量。对于智能建筑等商务办公环境，一般每 $9m^2$ 基本型设计一个信息插座，增强型或综合型设计两个信息插座。对于居民生活小区的家庭用户，根据小区建筑等级，每户一般预留 $1\sim2$ 个信息插座。工作区信息点位统计表见表 3-1。

（二）确定信息插座的类型

信息插座分为嵌入式安装和表面式安装两种，通常新型建筑应采用嵌入式安装，现有的建筑物则采用表面式安装的信息插座。

表 3-1   工作区信息点位统计表

配线间	位置	数据信息点	语音信息点	无线信息点	CATV	光纤信息点
小计						

（三）统计水晶头和信息模块数量

（1）RJ45 水晶头的需求量可采用下列公式计算

$$m = N \times 4 + N \times 4 \times 15\% \tag{3-1}$$

式中 m——RJ45 水晶头的总需求量；

           N——信息点的总量；

$N \times 4 \times 15\%$——裕量。

（2）信息模块的需求量可采用下列公式计算

$$M = N + N \times 3\% \tag{3-2}$$

式中 M——信息模块的总需求量；

        N——信息点的总量；

$N \times 3\%$——裕量。

工作区材料统计表见表 3-2。

表 3-2   工作区材料统计表

区域	嵌入式信息模块	表面式模块	单口面板	双口面板
小计				

（四）确定各信息点的安装位置并编号

为便于日后的施工，应在建筑平面图上明确标出每个信息点的具体位置并进行编号。信息点的标号原则如下：

（1）一层数据点是1C××（C＝Computer）。

（2）一层语音点是1P××（P＝Phone）。

（3）一层数据主干是1CB××（B＝Backbone）。

（4）一层语音主干是1PB××（B＝Backbone）。

各信息点标号与相对应的配线架卡接位置标号相同，特殊标号另行注明。标签颜色统一使用白底黑字宋体。

二、工作区子系统的连接硬件

（一）适配器

在智能建筑中，应用系统的终端设备与配线子系统的信息插座之间通常采用接插软线进行连接，但有些终端设备由于插头、插座不匹配，或缆线阻抗不匹配，不能直接插到信息插座上。这就需要选择适当的适配器或平衡/非平衡转换器进行转换，使应用系统的终端设备与综合布线配线子系统的缆线保持完整的电气兼容性。

适配器是一种可使不同尺寸（或类型）的插头与配线子系统的信息插座相匹配，提供引线的重新排列，允许大对数电缆分成较小的对数，并把电缆连接到应用系统的设备接口的器件。平衡/非平衡适配器是一种将电气信号由平衡转换为非平衡或由非平衡转换为平衡的器件。

目前，用于综合布线的适配器还没有统一的国际标准，但各种产品相互兼容。可根据应用系统的终端设备，选择适当的适配器。工作区的适配器应符合下列要求：

（1）当设备连接器采用不同信息插座的连接器时，可用专用电缆或适配器。

（2）当在单一信息插座上进行两项服务时，宜用"Y"形适配器或一线两用器。

（3）当在配线（水平）子系统中选用的电缆类别（介质）不同于设备所需的电缆类别（介质）时，宜采用适配器。

（4）在连接使用不同信号的数模转换或数据速率转换等相应

装置时，宜采用适配器。

（5）对于网络规程的兼容性，可选用适配器。

（6）根据工作区内不同的电气终端设备，可配备相应的终端匹配器。

（二）信息插座

信息插座是终端设备与配线子系统连接的接口，同时也是工作区子系统内配线子系统电缆的终节点。目前，综合布线系统可提供不同类型的信息插座和信息插头。这些信息插座和带有插头的接插软线相互兼容。在工作区一端，用带有 8 针插头的软线接入插座，在水平系统的一端，将 4 线对双绞线接到插座上。信息插座在水平区布线和工作区布线之间提供了可管理的边界和接口，它在建筑物综合布线系统中作为端点，也就是终端设备连接或断开的端点。

1. 信息插座的类型

（1）3 类信息插座模块。这种信息插座模块支持 16Mb/s 信息传输，适合语音应用；8 位/8 针无锁模块，可装在配线架或接线盒内；特殊润滑处理，至少可插拔 750 次；符合 ISO/IEC 11801 3 类通道的连接硬件要求。

（2）5 类信息插座模块。这种信息插座模块支持 155Mb/s 信息传输，适合语音、数据、视频应用；8 位/8 针无锁信息模块，可安装在配线架或接线盒内；符合 ISO/IEC 11801 5 类通道的连接硬件要求。

（3）超 5 类信息插座模块。这种信息插座模块支持 622Mb/s 信息传输，适合语音、数据、视频应用；可安装在配线架或接线盒内，一旦装入即被锁定，只能用两用电线插帽来松开；符合 ISO/IEC 11801 5 类通道的连接硬件要求。

（4）千兆位插座模块。这种插座模块支持 1000Mb/s 信息传输，适合语音、数据、视频应用；可装在接线盒或机柜式配线架内；侧面盖板，可防尘、防潮；45°（斜面）或 90°安装方式，应用范围广；符合 ISO/IEC 11801 5 类通道的连接硬件要求。

（5）光纤插座（FJ）模块。这种插座模块支持 100Mb/s 传输，适合语音、数据、视频应用；光纤信息插座的外形与 RJ45 型插座相同，有单工和双工之分；双工的模块体积比 SC 连接器小一半，可安装于接线盒或机柜式配线架内，现场端接；符合 ISO/IEC 11801 5 类通道的连接硬件要求。凡能安装 RJ45 信息插座的地方，均可安装 FJ 型插座。

（6）多媒体信息插座。这种信息插座支持 100Mb/s 信息传输，适合语音、数据、视频应用；可安装 RJ45 型插座或 SC、ST 以及 MIC 型耦合器；带铰链的面板底座，满足光纤弯曲半径要求。

信息插座分为嵌入式和表面式安装两种。新建筑物通常采用嵌入式信息插座，其型号见表 3-3。而现有的建筑物则采用表面式安装的信息插座。

表 3-3　　　　　　　　嵌入式信息插座型号

型号	颜色	冲压件	面板型号
102A-254	棕色	无	65B-245/400A-245
102A-246	乳白色	无	65B-246/400A-246
105AF-246	乳白色	无	860-246
105BF-246	乳白色	数据	860B-246
106ADF-246	乳白色	Line1/Line2	860A-246/860C
106BDF-246	棕色	话音/数据	860A-245
106BDF-240	乳白色	话音/数据	860A-246/860C

2. 信息插座的接线方式

（1）按照 T568B 标准接线方式，信息插座引针和线对的分配如图 3-1（a）所示。

（2）按照 T568A 标准接线方式，信息插座引针和线对的分配如图 3-1（b）所示。

比较图 3-1（a）和图 3-1（b）可以看出，按 T568B 标准接线时，配线子系统 4 对双绞电缆的线对 2 接信息插座的 1 位/针、2 位/针，线对 3 接信息插座的 3 位/针、6 位/针。按 T568A 标准接线时线对 2 和线对 3 正好相反。

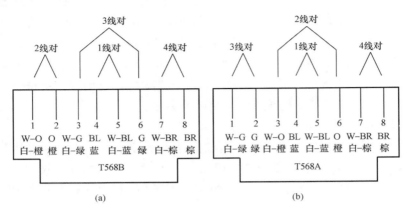

图 3-1　信息插座引针和线对分配

（a）T568B 标准接线方式；（b）T568A 标准接线方式

注：W 为白色；O 为橙色；G 为绿色；BL 为蓝色；BR 为棕色。

　　一般情况下，在一个综合布线系统工程中只允许用一种连接方式，且一般为 T568B 标准连接方式，否则必须标注清楚。按照 T568B 标准接线方式时，信息插座引针（脚）与双绞线电缆线对的分配关系见表 3-4。

表 3-4　　信息插座引针（脚）与双绞线电缆线对分配关系

配线子系统布线	信息插座	工作区布线
4对电缆 到蓝色场区	8针模块化插座 1	带8针模块化插头 的4对接插线 到终端设备 （或在需要时到适配器）
线对1 线对2 线对3 线对4	1○─×─○1 2○─×─○2 3○─×─○3 4○─×─○4 5○───○5 6○───○6 7○───○7 8○───○8	<1────1> <2────2> <3────3> <4────4> <5────5> <6────6> <7────7> <8────8>

连接模拟式话音终端时，将触点信号和振铃信号置入信息插座引针 4 和引针 5 上，剩余的引针分配给数据信号和配件的远地电源线使用。引针 1、2、3 和 6 传送数据信号，并与 4 对电缆中的线对 2 和线对 3 相连。引针 7 和引针 8 直接连通，并留作配件电源使用。

在传送数据信号时，与 4 对电缆中的线对 2 和线对 3 相连，引针 7 和引针 8 直接连通，并留作配件电源使用。

但 RS-232C 终端设备的信号是不遵守上述分配原则的。例如，有 3 对线的 RS 设备以完全不同的方式使用信息插座，即引针 1——振铃指示(R1)；引针 2——数据载体检测(DCD)/数据集就绪(DSR)/清除后发送(CTS)；引针 3——数据终端准备(DTR)；引针 4——信号接地(SG)；引针 5——接收数据(RD)；引针 6——发送数据(TD)；引针 7 和引针 8 在需要硬件流控制时，分别用作清除发送(CTS)和请求发送(RTS)。

一般情况下，引针 8 信息插座已在内部接好线，以满足不同服务的信号出现在规定的线对上，这样也是为了便于在交叉连接处进行线路管理。引针 8 信息插座将工作区一边的特定引脚（工作区布线）接到建筑物布线电缆（水平布线）上的特定双绞线线对上。

第二节　配线(水平)子系统设计

一、配线子系统的设计步骤

（一）确定缆线的类型

根据用户对业务的需求和待传信息的类型，选择合适的缆线类型。水平干线电缆推荐采用 8 芯 UTP，语音和数据传输可选用 5 类、超 5 类或更高型号电缆，目前主流是超 5 类 UTP。对速率和性能要求较高的场合，可采用光纤到桌面的布线方式（FTTP），光缆通常采用多模或单模光缆，且每个信息点的光缆 4 芯较为适宜。

（二）确定水平布线路由

根据建筑物结构、布局和用途以及业务需求情况确定水平干线子系统设计方案。一条 4 对 UTP 应全部固定终接在一个信息插座上，不允许将一条 4 对双绞电缆终接在 2 个或 2 个以上信息插座上。水平干线子系统的配线电缆长度不应超过 90m，超过 90m 时可加入有源设备或采用其他方法解决。在能够保证链路性能时，可适当加长水平干线光缆距离。

（三）确定水平缆线数量

根据每层所有工作区的语音和数据信息插座的需求确定每层楼的干线类型和缆线数量。填写水平子系统链路统计表，如表 3-5 所示。具体可参照 GB 50311—2007《综合布线系统工程设计规范》有关干线配置的规定执行。

表 3-5　　　　　　　　　　水平子系统链路统计表

区域	四对 UTP 链路（条）	链路平均长度（m）	UTP 箱数（305m/Reel）
小计			

测量距离管理间最远（L）和最近（S）的 I/O 的距离，则平均电缆长度 = （$L+S$）÷2，总平均电缆长度（C）= 平均电缆长度 + 备用部分 + 端接容差，备用部分为平均电缆长度的 10%，端接容差为 6～10m。则所需电缆的数量可按下式计算

$$F = 305 \div [0.55(L+S) + 6] \tag{3-3}$$

$$B = N/F \tag{3-4}$$

式中　　F——每箱网线支持的信息点数量；

B——所需电缆总箱数（305m/箱）；

N——信息点数量；

L——最远信息插座离管理间的距离；

S——最近信息插座离管理间距离。

（四）确定水平布线方案

水平干线子系统应采用星形拓扑结构，同一类型电缆的水平干线子系统呈星形辐射状的转接。水平布线可采用走线槽或天花板吊顶内布线，尽量避免走地面线槽，如图 3-2 所示。

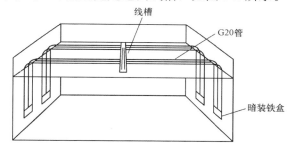

图 3-2　走线槽或天花板吊顶内布线

根据工程施工的体会，对槽和管的截面积大小可采用下列简易公式计算，即

$$S = \frac{NP}{70\% \times (40\% \sim 50\%)} \qquad (3-5)$$

式中　S——槽（管）截面积，表示要选择的槽管截面积；

　　　N——用户所要安装的缆线条数；

　　　P——缆线截面积，表示选用的缆线面积；

　　70%——布线标准规定允许的空间；

$40\% \sim 50\%$——缆线之间的允许间隔。

（五）确定每个管理间的服务区域

根据已了解到的用户需求和建筑结构上的考虑及楼层平面图，确定每个管理间的服务区域及每个管理间所服务的工作区信息点数量。

二、配线子系统的布线方案

（一）地板下管道布线法

地板下管道由一系列密封在混凝土中的金属布线管道组成，

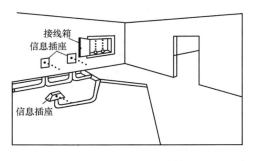

图 3-3　地板下管道布线法

如图 3-3 所示。这些金属管道从交接间向信息插座的位置辐射。按照通信和电源布线的要求及地板厚度和占用地板空间等条件，地板下管道布线方式可采用厚壁镀锌管或薄型电线管。

同一根金属管内，宜穿一条综合布线水平电缆。如确需要且电缆截面积较小时，为了经济合理地利用金属管，可允许在同一金属管内穿几条综合布线水平电缆。对较大楼层可分为几个区域，每个区域设置一个小配线箱，先由弱电井的楼层交接间直埋钢管穿大对数电缆到各分区的小配线箱，然后再直埋较细的管子，将电话线引至房间的电话出口。在老式建筑中常使用地板下管道布线方式，这不仅使设计、安装、维护非常方便，而且工程造价较低。但这种方式目前较少使用。

（二）先走吊顶内线槽再走支管方式

在这种布线方式中，线槽由金属或阻燃高强度 PVC 材料制成，有单件扣合方式和双件扣合方式两种，并配有转弯、T 字形等各种规格线槽。

线槽通常安装在吊顶内或悬挂在天花板上方的区域中，用于大型建筑物或布线系统比较复杂而需要有额外支持物的场合。它用横梁式线槽将缆线引向所需要布线的区域。从弱电井出来的缆线先走吊顶内的线槽，走到各交接间后，再经分支线槽从横梁式电缆管道分叉，然后将电缆穿过一段支管引向墙柱或墙壁，再剔墙而下到本层的信息出口，或剔墙而上引至上一层的信息出口，最后端接在用户的信息插座上，如图 3-4 所示。

在设计与安装线槽时，应尽量将线槽放置于走廊的吊顶内，去各房间的支管应适当集中到检修孔附近，便于维护。走廊一般

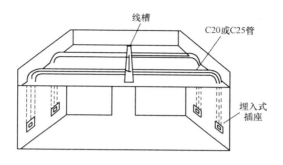

图 3-4　先走吊顶内线槽再走支管方式

处于中间位置，布线的平均距离最短，节约缆线费用，提高综合布线的性能（线越短传输的品质越高），应尽量避免线槽进入房间，以免影响房间装修，不利于以后的维护。

弱电线槽能走综合布线、公用天线、闭路电视（24V 以内）及楼宇自控信号等弱电缆线。总体而言，工程造价较低。同时由于支管经房间内吊顶剔墙而下至信息出口，在吊顶可与别的通道管线交叉施工，减少了工程协调量。

（三）地面线槽布线法

地面线槽由一系列金属布线线槽（常用混凝土密封）和馈线走线槽组成。地面线槽布线法就是由弱电井出来的缆线走地面线槽到地面出线盒，或由分线盒出来的支管到墙上的信息出口，由于地面出线盒或分线盒不依赖墙或柱体而直接走地面垫层，因此，这种方式适用于大开间或需要打隔断的场合，如图 3-5 所示。

在地面线槽布线方式中，长方形的线槽一般打在地面垫层中，每隔 4～8m 设置一个过线盒或出线盒（在支路上出线盒也起分线盒的作用），直到信息出口的接线盒。线槽有 70 型和 50 型两种规格，其中，70 型外形尺寸为 70mm×25mm（宽×厚），有效截面积为 1470mm²，占空比取 30%，可穿 24 根水平线（3 类、5 类混用）；50 型外形尺寸为 50mm×25mm，有效截面积为 960mm²，可穿 15 根水平线。分线盒与过线盒有两槽和三槽两

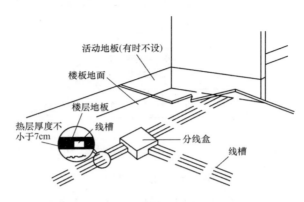

图 3-5 地面线槽布线法

种，均为正方形，每面可接 2～3 根地面线槽。因为正方形有四面，分线盒与过线盒均有两种功能，即将 2～3 个分路汇成一个主路或起到 90°转弯的功能。四槽以上的分线盒都可用两槽或三槽分线盒拼接。

地面线槽布线方式的优点如下：

（1）布线极为方便简捷，布线距离不限。

（2）若采用屏蔽措施，强、弱电可以同一路由敷设。

（3）适用于大开间或需要临时隔断的场合，布置灵活方便，容易适应各种布置和变化。

（4）地面线槽方式可以提高商业楼宇的档次等。

地面线槽穿 4 对双绞电缆的根数见表 3-6。

表 3-6 地面线槽穿 4 对双绞电缆根数

类 型		外形尺寸（mm）	有效面积（mm²）	允许穿线根数（占空比 30%～50%）				
				3 类 UTP	5 类 UTP	e5 类 UTP	6 类 UTP	5 类 FTP
金属线槽	50 型	50×25	960	17～27	12～19	9～15	9～15	9～15
	70 型	70×25	1470	26～42	18～30	14～24	14～24	14～24
PVC 阻燃塑料线槽	50 型	50×25	836	15～24	10～17	8～13	8～13	8～13
	70 型	70×25	1216	21～35	15～24	12～20	12～20	12～20

地面线槽布线方式的缺点如下：

（1）地面线槽打在地面垫层中，需要至少 6.5cm 以上的垫层厚度，这对于尽量减少挡板及垫层厚度是不利的。

（2）垫层设置使楼板厚度减薄因而容易被吊装件打中，信息点多时，地面线槽会增多，受损机会也就增多，影响使用。

（3）地面为高级大理石等材料时，通信引出端难以安装。

（4）工程造价高，为了美观地面，出线盒通常采用铜盒盖。出线盒的售价较高，对于墙上出线盒来说，造价是吊顶内线槽方式的 3～5 倍。

在选型与设计中应注意的问题如下：

（1）选型时，其产品应通过国家电气屏蔽检验，避免强、弱电同一路由对数据传输产生影响；敷设地面线槽时，严禁打上垫层后再发现问题而影响工期。

（2）应尽量根据用户提供的办公用具布置图进行设计，避免地面线槽出口被办公用具挡住，无办公用具图时应均匀布放地面出口。对有防静电地板的房间，只需布放一个分线盒即可，出线走防静电地板下。

（3）地面线槽的主干部分尽量敷设在走廊的垫层中。楼层信息点较多时，应采用地面线槽与吊顶线槽相结合的布线方式。

（四）旧建筑物的布线方法

1. 护壁板电缆管道布线法

护壁板电缆管道是一个沿建筑物护壁板敷设的金属管道。对于旧的或者翻新的建筑物，为了不损坏已建成的建筑物结构，可采用护壁板电缆管道布线方法。这种布线方法是沿墙壁在护壁板内敷设金属管道，电缆管道的前面盖板是活动的，插座可装在沿管道的任何位置上。电力电缆和通信电缆由连续接地的金属隔板分隔开来，如图 3-6 所示。这种布线结构有利于布放电缆，通常用于墙上装有较多信息插座的小楼层区。缺点是布线通道的空间

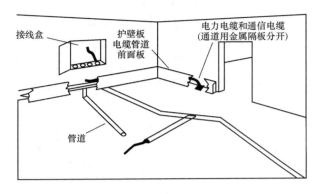

图 3-6　护壁板电缆管道布线方法

较小，因此不能用于用户信息点较多的大面积场合，安全隐蔽性较差。

2.地板导管布线法

采用这种布线法时，地板上的胶皮或金属导管可用于保护并承载沿地板表面敷设的裸露缆线，电缆装在导管内，而导管又固定在地板上，并将盖板紧固在导管基座上，如图 3-7 所示。这种布线方法的优点是安装快速方便，适用于通行量不大的区域，如各办公室和紧靠墙的工作区。缺点是不适用于通行量较大的区域，如主要过道或主楼层区。

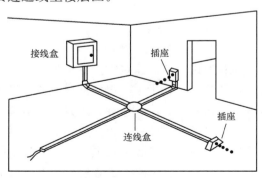

图 3-7　地板导管布线法

3. 模制电缆管道布线法

模制电缆管道是一种金属模压件，固定于接近天花板与墙壁接合处的过道和房间的墙上，如图 3-8 所示。管道可以将模压件连接至交接间。在模压件后面，小套管穿过墙壁，以便使小电缆通往房间。在房间内，另外的模压件将连到信息插座的电缆隐蔽起来。虽然这种方法一般来说已经过时，但在旧建筑物中仍可采用，因为保持外观完好对它非常重要。但此方法的灵活性较差。

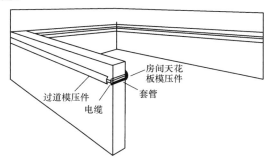

图 3-8 模制电缆管道布线法

（五）大开间水平布线设计

在配线水平子系统的设计中，当建筑物的楼层房间面积较大，且房间办公用具布局经常变动，地面又不易安装信息插座时，可采用大开间水平布线设计方案。大开间是指由办公用具或可移动的隔断代替建筑墙面而构成的分隔式办公环境。在这种开放式的办公室中，将缆线和相关的连接硬件配合使用，会有很大的灵活性，节省安装时间和费用。

大开间水平布线设计方案有多用户信息插座设计方案和转接点设计方案两种。

1. 多用户信息插座设计方案

多用户信息插座设计方案是将多种信息插座组合在一起，安装于吊顶内，再用接插软线沿隔断墙壁或墙柱引下，接到终端设备上。混合电缆和多用户信息插座结合使用便是其中的一种。水平布线可用混合电缆，放置于吊顶上有规则的金属线槽内。线槽从交接间引出，辐射到各个大开间，每个大开间再采用厚壁管或薄壁金属管，从房间的墙壁内或墙柱内将缆线引至接线盒，与组合式信息插座相连接。多用户信息插座连接方式如图 3-9 所示。

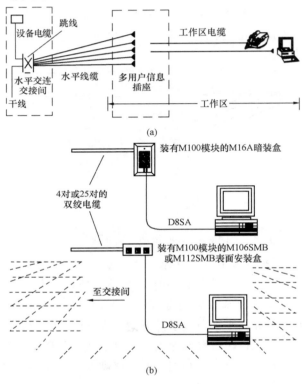

图 3-9　多用户信息插座连接方式

（a）连接原理图；（b）直接连接工作终端

当多个用户在一个用具组合空间中办公时，多用户信息插座为此提供了一个单一的工作区插座集合。快接线通过用具内部的槽道由设备直接连至多用户信息插座，多用户信息插座应放置于立柱或墙面这样永久性的位置上，而且应保证水平布线在用具重新组合时保持完整性。多用户信息插座适用于那些重新组合非常频繁的办公区域。

在一个用具组合空间中，如果在水平跳接和多用户信息插座之间采用由 6 根 4 对 5 类线和 6 芯光纤组成的一根混合电缆，就可以满足 3 个工作区的需求，这是常见的一种 3 个工作区的典型应用。同一个多用户信息插座的服务范围不宜超过 12 个工作区，工作区的数量应限制在 6 个以内。基于平均每个工作区设置 3 个口，12 个工作区将有 36 个口，这还不如在一个多用户信息插座中集成 18 个插座更具实际意义。限制一个多用户信息插座所服务的工作区数量可以缓解对工作区电缆长度、设置位置和工作区连接管理的需要。

2. 转接点设计方案

转接点是水平布线中一个互连点，也是水平布线的一个逻辑转接点（从此处连接工作区终端电缆），它将水平布线延伸至单独的工作区。与多用户信息插座一样，转接点也可紧靠办公用具，这样重组用具时能够保持水平布线的完整性。在转接点和信息插座之间敷设很短的水平电缆，服务于专用区域。转接点设计方案如图 3-10 所示。

与多用户信息插座相似，转接点也位于建筑槽道（来自交接间）和开放办公区之间的某个转接位置。转接点的设置使得在办公区重组时能够减少对建筑槽道内电缆的破坏，因此，设置转接点的目的就是针对那些偶尔重组的情况，转接点应尽量容纳多个工作区。

除了能够为办公区重组提供方便外，转接点还为混合电缆提供了另外一种应用，即和 5 类在线测试配线架配合使用，在线测试配线架不但提供了 5 类的性能，而且可在不移除电缆终接的情况下隔离通道，达到在线测试和管理的目的。在这种配线架上，电缆终端分成独立的两部分，通过隔离模块的簧片相连，插入测试适配器或分断插头就能达到电气隔离的目的。从交接间来的干线电缆终接在配线架的上部，通向工作区的水平电缆接在配线架

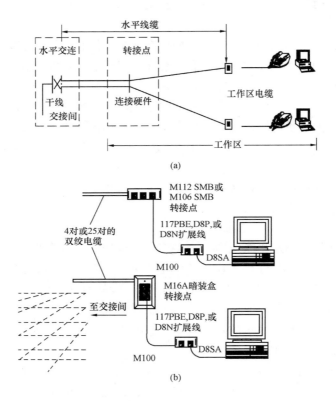

图 3-10　转接点设计方案

（a）转接点连接原理图；（b）工作终端经转接点连接到多用户信息插座

的下部。使用相应的隔离测试适配器就可在配线架的任何一个方向测试电缆。此时，混合电缆可以从在线测试配线架所在的交接间敷设至工作区的信息插座。当工作区重组时，混合电缆能很方便地替换或重新分配，从而最大限度地降低了安装费用。

大开间水平布线长度应小于 100m。按转接点位置的不同，其各段长度也有所不同。通常有方式 A、方式 B 和方式 C 三种，如图 3-11 所示。

（1）对于方式 A，水平支线是指信息插座（终端设备）到转

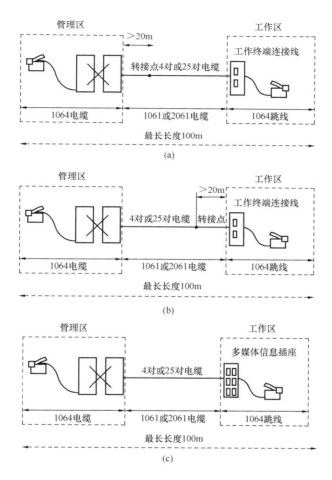

图 3-11 转接信息口
(a) 方式 A；(b) 方式 B；(c) 方式 C

接点之间的缆线，最长距离为 70m；水平线是指配线架到转接点之间的缆线，布线距离不短于 20m；水平距离小于 20m 时，转接点的位置不受限制；超 5 类及其以上类别超长跳线同样适用，且长度还可适当增加。

（2）对于方式 B，水平支线是指信息插座（终端设备）到转接点之间的缆线，最长距离为 30m；当终端设备到工作区信息插座的连接缆线长度为 10m 时，信息插座到转接点之间的最长距离不能超过 20m；超 5 类及其以上类别超长跳线同样适用，且长度还可适当增加。

（3）对于方式 C，水平支线是指信息插座（终端设备）到多媒体信息插座之间的缆线，最长距离为 30m；多媒体信息插座应设置于工作区的规定范围内；超 5 类及其以上类别超长跳线同样适用，且长度还可适当增加。

对于大厅的站点，可用打地槽、铺设厚壁镀锌管或薄壁电线管的方法将电缆线引至地面接线盒。地面接线盒用铜面铝座制成，直径为 10~12cm，高为 5~8cm，地面接线盒的高度可通过铜面铝座进行调节，在地面浇灌混凝土时一同预埋。大楼竣工后，可将信息插座安装于地面接线盒内，再把电缆从管内拉至地面接线盒，端接在信息插座上。需要使用信息插座时，只要将地面接线盒盖上的小窗口向上翻，用接插软线把工作终端连接至信息插座即可。平常小窗口向下，与地面平齐，这样可保持地面平整。

（六）区域布线法

区域布线法就是将需要单独建立应用系统的单位所在的楼层单独布线。该层的交接间可作为设备间，将主配线架、网络互连设备及服务器放在该间。区域布线法经常用在出于保密要求而需要组成一个独立应用系统的场合，如办公楼内的机要、情报等单位。典型的区域布线法和大开间布线法综合应用实例如图 3-12 所示。

通常，区域布线距离应小于 100m。区域布线法的缆线、信息插座均可参照水平布线的计算方法进行计算。区域布线可以分为固定缆线（从交接间至转接点）和延伸缆线（从转接点到信息插座）两个部分。

转接点的设置，形成了一个工作区组或区域组，使得大开间办公环境的设计更为灵活，便于二次装修和分段安装。

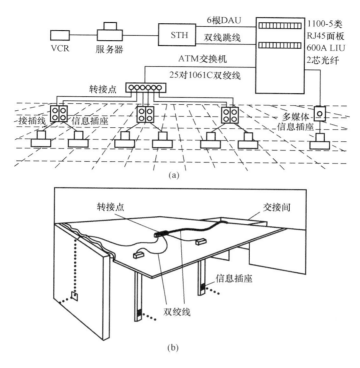

图 3-12 区域布线法

（a）典型区域布线法；（b）典型大开间布线法

第三节 管理子系统设计

一、管理子系统的设计步骤

（一）配线间的位置确定

（1）配线间的数目应从所服务的楼层范围来考虑。当配线电缆长度不大于 90m 时，宜设置一个配线间；若超出这一范围，可设两个或多个配线间，并相应地在配线间内或紧邻处设置干线通道。

（2）通常每层楼设有一个楼层配线间。当楼层的办公面积超过 1000m² （或 200 个信息点）时，可增加楼层配线间。当某一层楼的用户很少时，可由其他楼层配线架提供服务。

（二）配线间的环境要求

配线间的设备安装和电源要求与设备间相同。配线间应通风良好。安装有源设备时，室温宜保持在 10～30℃，相对湿度宜保持在 20%～80%。

（三）确定配线间交连场的规模

（1）配线架配线对数可由管理的信息点数决定，管理间的面积不应小于 5m²。覆盖的信息插座超过 200 个时，应适当增加面积。

（2）确定配线间与水平干线子系统端接所需的接线块数（蓝场）。110 型接线块数量的计算方法：110 型接线块每行可端接 25 对线，接线块是 100 对线的每块共有 4 行，300 对线的每块共有 12 行，900 对线的每块共有 36 行；端接线路数/行＝可接线对数/行÷水平电缆对数；端接线路数/块＝行数×端接线路数/行；所需接线块数目＝信息点数量÷端接线路数/块。

（3）确定配线间与网络设备端接所需的接线块数（紫场）。通常采用 RJ45 配线架。如果设置紫场，则根据设备端口数量计算；如果不设置紫场，则通过跳线直接与设备端口相连。

（4）确定配线间与垂直干线子系统端接所需的接线块数（白场）。干线电缆规模取决于按标准的配置等级。数据干线采用 RJ45 或光纤配线架，语音干线采用 110 配线架。

（四）计算出配线间的全部材料清单，并画出详细的结构图

4 对 5 类双绞线，根据需要的 I/O 数量计算电缆对数，选择用于端接的 110 型接线块数量。参照表 3-7 选择合适对数的双绞线电缆，并填写配线间主要材料统计表，见表 3-8。

表 3-7　　　　　　　　110 型接线块每块容量

110 型接线块连接	100 对线的每块容量	300 对线的每块容量
4 对线路每行可端接 4 对×6＝24 对线（剩余 1 对线位不用） 每行接 6 根电缆，每对线对应一个语音用户	24×4＝96（对线），即 24 根 4 对线电缆	24×12＝288（对线），即 72 根 4 对线电缆或 96 根 3 对线电缆

表 3-8 配线间主要材料统计表

区 域	24 口六类配线架	24 口光纤配线架	100 对 110 配线架
小计			

计算 300 对跳线架数量的方法包括：

(1)蓝场：$\dfrac{I/O}{72} = 300$（对线）跳线架的数量。

(2)紫/橙和灰场：$\dfrac{I/O}{96} = 300$（对线）跳线架的数量。

(3)白场/基本型：$\dfrac{2 \times I/O}{144} = 300$（对线）跳线架的数量。

(4)增强/综合型：$\dfrac{3 \times I/O}{96} = 300$（对线）跳线架的数量。

二、管理子系统的线路管理设计方案

(一)管理交接方案

1. 单点管理

(1)单点管理单交连。单点管理单交连方式使用的场合较少，其结构如图 3-13 所示。

(2)单点管理双交接。管理子系统宜采用单点管理双交接。单点管理位于设备间内的交换设备或互连设备附近，通过线路不进行跳线管理，直接连至用户工作

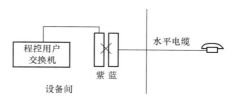

图 3-13 单点管理单交连

区或配线间内的第二个接线交接区。如果没有配线间，第二个交

连可放置于用户间的墙壁上，如图 3-14 所示。

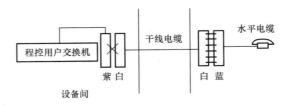

图 3-14 单点管理双交接

用于构造交接场的硬件所处的地点、结构和类型决定综合布线系统的管理方式。交接场的结构取决于工作区、综合布线规模和选用的硬件。

2. 双点管理

对于较大规模的综合布线系统，在管理子系统中可设置双点管理双交接。双点管理除了在设备间里设有一个管理点之外，在二级交接间或用户房间的墙壁上还设有第二个可管理的交接区。双交连要经过二级交接设备，第二个交连可以是一个连接块，它对一个接线块或多个终端块（其配线场与站场各自独立）的配线场和站场进行组合。一般在管理规模较大而复杂，且有二级交接间时，才设置双点管理双交连方式，如图 3-15 所示。若建筑物的规模较大，而且结构复杂，可采用双点管理 3 交连方式，如图 3-16 所示。除此之外，还可采用双点管理 4 交连方式。综合布线中使用的电缆，一般不超过 4 次连接。

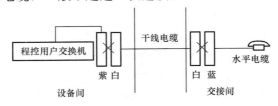

图 3-15 双点管理双交连

(二)管理标记

标记是管理综合布线系统的一个重要组成部分。完整的标记

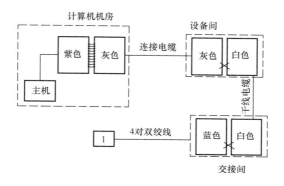

图 3-16 双点管理 3 交连

应提供的信息有建筑物的名称、位置、区号、起始点和功能。综合布线系统使用了下列三种标记：

1. 电缆标记

电缆标记是由背面涂有不干胶的白色材料制成的，可直接贴在各种电缆表面上，其尺寸和形状根据需要而定。在交接场安装和做标记之前，利用这些电缆标记来辨别电缆的源发地和目的地。

2. 场标记

场标记也是由背面涂有不干胶的材料制成，可贴在设备间、配线间、二级交接间、中继线/辅助场和建筑物布线场的平整表面上。

3. 插入标记

插入标记最为常用，其由硬纸片制成，可插在 1.27cm×20.32cm 的透明塑料夹里，这些塑料夹位于 110 型接线块上的两个水平齿条之间。每个标记都用色标来指明电缆的源发地，这些电缆端接于设备间和配线间的管理场。插入标记所用的底色及其含义如下：

（1）蓝色：对工作区的信息插座（TO）实现连接。

（2）白色：实现干线和建筑群电缆的连接。端接于白场的电缆布置于设备间与楼层配线间及二级交接间之间或建筑群中各建筑物之间。

（3）灰色：配线间与二级交接间之间的连接电缆或各二级交接间之间的连接电缆。

（4）绿色：来自于电信局的输入中继线。

（5）紫色：来自于 PBX 或数据交换机之类的公用系统设备连线。

（6）黄色：来自于控制台或调制解调器之类的辅助设备的连线。

（7）橙色：多路复用输出。

目前，综合布线系统还没有统一的标记方案。标记方案因具体应用系统的不同而有所不同。在多数情况下，通常由用户的系统管理人员或通信管理人员提供标记方案的制定原则。但所有的标记方案均应规定各种参数和识别步骤，以便查清交接场的各种线路和设备端接点。为了更加有效地进行线路管理，标记方案必须作为技术文件存档。系统管理人员还应与应用技术人员或其他人员密切合作，随时做好移动或重组的各种记录。

第四节 干线(垂直)子系统设计

一、干线子系统的设计步骤

（一）确定干线子系统规模

根据建筑物结构的面积、高度以及布线距离的限定，确定干线通道的类型和配线间的数目。整座楼的干线子系统的缆线数量是根据每层楼信息插座密度及其用途来确定的。

（二）确定楼层配线间至设备间垂直路由

应选择干线段最短、最安全和最经济的路由，通常采用电缆竖井法。

1. 电缆孔方法

干线通道中所用的电缆孔是很短的管道，通常用直径为10cm 的钢性金属管制成。它们嵌在混凝土地板中，这是在浇筑混凝土地板时嵌入的，高于地板表面 2.5～10cm。电缆往往捆在钢绳上，而钢绳又固定在墙上已铆好的金属条上。当配线间上下都对齐时，一般采用电缆孔方法，如图 3-17 所示。

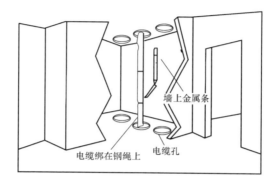

图 3-17　电缆孔方法

2. 电缆井方法

电缆井是指在每层楼板上开出一些方孔，使电缆可以穿过这些电缆井从某层楼伸至相邻的楼层，如图 3-18 所示。电缆井方法常用于干线通道。电缆井的大小根据所用电缆的数量而定。与电缆孔方法一样，电缆也是捆在或箍在支撑用的钢绳上，钢绳用墙上金属条或地板三脚架固定住。在离电缆井很近的墙上，立式

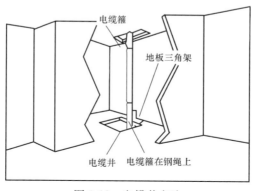

图 3-18　电缆井方法

金属架可以支撑很多电缆。电缆井的选择性是非常灵活的，可以让粗细不同的各种电缆以任何组合方式通过。电缆井方法虽然比电缆孔方法灵活，但在原有建筑物中开电缆井安装电缆造价较高，并且它使用的电缆井很难防火。如果在安装过程中没有采取措施以防止损坏楼板支撑件，则楼板的结构完整性将受到破坏。

（三）确定干线电缆的类型

根据建筑物的楼层面积、高度和建筑物的用途，可选择以下几种类型的干线子系统缆线：100Ω 大对数电缆（UTP）；150Ω 大对数电缆（STP）；$62.5/125\mu m$ 光缆；$50/125\mu m$ 光缆。

重视光纤的选择，光纤的选用除了根据光纤芯数和光纤类型以外，还要根据光缆的使用环境来选择，具体方法如下：

（1）传输距离在 2km 以内的，可选用多模光纤，超过 2km 的可用中继或选用单模光纤。

（2）建筑物内用的光纤在选择时应注意其阻燃、毒和烟的特性。一般在管道中或强制通风处可选用阻燃但有烟的类型；如果在暴露的环境中，则应选用阻燃、无毒和无烟的类型。

（3）户外用光缆直埋时，宜选用铠装光缆。架空时，可选用带两根或多根加强筋的黑色塑料外护套的光纤。

当光纤应用于主干网络时，每个楼层配线间至少要用 6 芯光缆，高级应用宜使用 12 芯光缆。这是从应用、备份和扩容 3 个方面来考虑的。垂直干线子系统所需要的总电缆对数和光纤芯数可按 GB 50311—2007《综合布线系统设计规范》的有关规定来确定。传送数据应采用光缆或 5 类以上（包括 5 类）电缆，传送语音电话应采用 3 类电缆。通常数据干线采用多模光纤，语音干线采用 3 类大对数电缆。所选电缆应符合水平子系统电缆电气特性和机械物理性能标准的相关规定。每段干线电缆长度应留有备用部分（约 10％）和端接容差。

（四）干线子系统布线距离

干线子系统布线距离的设计应根据所用媒质的不同而异，但干线子系统布线的最大距离一般有一定要求，如图 3-19 所示。

一般要求建筑群配线架（CD）到楼层配线架（FD）间的距离应不超过 2000m，建筑物配线架（BD）到楼层配线架（FD）的距离应不超过 500m。

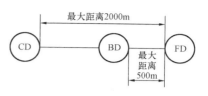

图 3-19 干线子系统布线的最大距离

采用单模光缆时，建筑群配线架到楼层配线架的最长距离可以延伸至 3000m。采用五类对绞线电缆时，对传输速率超过 100Mb/s 的高速应用系统，布线距离不宜超过 90m，否则宜选用单模或多模光缆。

在建筑群配线架和建筑物配线架上，接插线和跳线的长度不宜超过 20m，超过 20m 的长度应从允许的干线缆线最长长度中扣除。将电信设备（如程控用户交换机）直接连至建筑群配线架或建筑物配线架的设备电缆、光缆长度不宜超过 30m。如果使用的设备电缆、光缆超过 30m，则干线电缆、光缆的长度宜相应减少。

一般情况下，应将主配线架放置于建筑物的中间部位，使得从设备间到各层交换间的路由距离不超过 100m，这样便可采用电缆作为传输链路。如果安装长度超出了规定的距离限制，则应将其划分成几个区域，每个区域由满足要求的主干布线来支持。当每个区域的相互连接都超出了这个标准范围时，一般要借用设备或借鉴应用广泛的新技术来加以解决。

当某些特殊的系统超出了这个最长距离而不能正常运行时，为了支持此类系统，在主干布线的传输媒质中加入中继器等有源器件是必要的。

二、干线子系统的拓扑结构

（一）星形拓扑结构

星形拓扑结构由一个中心主结点（主配线架）向外辐射延伸至各从结点（楼层配线架）组成，如图 3-20 所示。由于从中心结点到从结点的线路均与其他线路相对独立，布线系统设计是一种模块化的设计。主结点采用集中式访问控制策略，因此主结点的控制设备较为复杂，各从结点的信息处理负担较小。主结点可以与

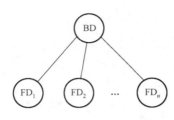

图 3-20 干线星形拓扑结构

从结点直接相连，从结点之间必须经中心结点转接才能通信。星形结构一般可分为两类：一类是中心主结点的接口设备为功能很强的中央控制设备，它具有信息处理和转接双重功能，一旦建立了通道连接，便可没有延迟地在连通的两个结点之间传送信息；另一类是转接中心结点，仅起到从结点间的连通作用。

目前，智能建筑的计算机主干网一般在主结点配置一台主交换机，在每个楼层配线间配置交换器或集线器，通过水平双绞线电缆连接足够数量的工作站（设备），楼层配线间的交换器或集线器与主交换机连接起来。若布线距离超出规定的最长距离，可使用有源设备（如集线器、中继器或网桥等）来加以延长。

1. 星形拓扑结构的优点

（1）维护管理容易。由于所有信息通信都要经过中心结点来支配，所以维护管理比较容易。

（2）重新配置灵活。在楼层配线间的配线架上，可以移动、增加或拆除一个信息插座所连接的终端（设备），且仅涉及所连接的那台终端（设备）。因此，操作起来比较容易，适应性强。

（3）故障隔离和监测容易。由于各信息点都直接连接到楼层配线架，容易监测和隔离故障，可方便地将有故障的信息点从系统中删除。

2. 星形拓扑结构的缺点

（1）安装工作量大，缆线长。

（2）依赖于中心结点。如果中心信息处理设备出现故障，则全系统瘫痪，故对中心信息处理设备的可靠性要求很高。

（二）总线形拓扑结构

总线形拓扑结构采用公共主干线作为传输介质，所有的楼层配线架都通过相应楼层配线间的设备硬件接口直接连接到主干线上(或称总线),如图 3-21 所示。
任何一个楼层配线间的设备发送
的信号都可沿主干线传播,而且
能被所有其他楼层配线间的设备
接收。

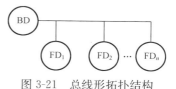

图 3-21 总线形拓扑结构

1. 总线形拓扑结构的优点

(1)电缆长度短,布线容易。由于所有的楼层配线间的设备接到一条主干线上,因此,只需很短的电缆,可减少安装费用,且易于布线和维护。

(2)可靠性高。结构简单,从硬件的观点看,比较可靠。

(3)易于扩展。若要增加新的结点,只需把楼层配线间接到总线上。如需要增加楼层配线间的有源设备,只要增加一段楼层间缆线即可。

2. 总线形拓扑结构的缺点

(1)故障诊断困难。虽然总线形拓扑结构简单,可靠性高,但却不易进行故障检测。因为总线形拓扑结构采取分布式控制,故障检测需在系统的各个结点进行。

(2)故障隔离困难。由于所有结点共享一条传输链路,任何一处出现故障都无法完成信息的发送和接收。故障发生在结点,只需将该结点从总线上拆除;若传输介质故障,则要切断该段总线。

(3)需重新配置有源设备。在总线的干线基础上进行扩充,可采用有源设备。但需要重新配置,包括增加电缆长度、调整终端等。

(4)楼层配线间的设备必须是智能的。由于接在总线上的结点要有介质访问控制功能,因此必须具有智能性,从而增加了结点的硬件和软件费用。

(三)环形拓扑结构

各结点通过各楼层配线间的有源设备相连接形成环形通信回路,各结点之间无主从关系,如图 3-22 所示。环形拓扑结构可

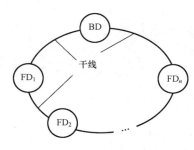

图 3-22 环形拓扑结构

分成单环结构和双环结构两种。

1. 环形拓扑结构的优点

(1)电缆长度短。环形拓扑所需电缆的长度与总线形拓扑相似，但比星形拓扑要短得多。

(2)光纤延迟小。点到点的光纤传输技术较为成熟，因此这种结构最适用于光纤环形结构，如 FDDI 网。采用双环结构，传输速率可达 100Mb/s。

2. 环形拓扑结构的缺点

(1)结点故障会引起全系统故障。

(2)某一结点的设备故障会导致整个系统不能工作，因此难于诊断故障，需要对每个结点进行检测。

(3)不易重新配置。扩充环的配置比较困难并且关掉一部分已接入系统的结点的设备也不容易。

(4)拓扑结构影响访问协议。环上每个结点收到信息后，要负责将它发送到环上，这意味着要同时考虑访问控制协议。此外，在结点发送信息前，必须事先知道传输介质对它是可用的。

(四)树形拓扑结构

树形拓扑结构实际上是星形拓扑结构的发展和扩充，也是一种分层结构，具有主结点和从结点。它适用于分级控制系统，也是集中式控制的一种。各结点按层次进行连接，处于最高居次的结点，其可靠性要求也最高。它的形状像一棵倒置的树，顶端有一个带分支的根，每个分支还可延伸出子分支，如图 3-23 所示。

1. 树形拓扑结构的优点

(1)易于扩展。树形结构可以延伸出很多分支和子分支结点，因此新的结点和分支结点易于加入布线系统内。

(2)易于故障隔离。如果某一分支结点或链路发生故障，可

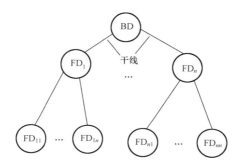

图 3-23 树形拓扑结构

以很容易地将这一分支从整个系统中隔离开来。

2. 树形拓扑结构的缺点

对根的依赖性较大，如果根结点发生故障，将会导致整个布线系统不能正常工作，因此，这种结构的可靠性与星形结构相类似。

拓扑结构的选择，要综合考虑建筑物的结构、几何形状、预定用途及用户意见等信息。通常每个建筑群有一个建筑群配线架，每个建筑物有一个建筑物配线架，每层楼有一个楼层配线架。如果建筑群仅由一个建筑物组成，这个建筑物很小，一个建筑物配线架足够使用时，可不设建筑群配线架。同样，较大的建筑物可以进行"分区"，先经由建筑群配线架，再通过多个与之相连的建筑物配线架来提供服务。

一般情况下，选择拓扑结构时应注意以下基本原则：

（1）可靠性。拓扑结构的选择应使故障检测和故障隔离较为方便。

（2）灵活性。应用系统的终端分布于各工作区，要考虑到在增加、移动或拆除一些终端（设备）时，很容易重新配置成不同的拓扑结构，不会导致整个应用系统停止工作。

（3）可扩充性。新建的建筑物要预留弱电间作为楼层配线间，并要为其预留一定的扩展空间。要选择路由最短、最安全，且易于安装和扩充的链路。

第五节　设备间子系统设计

一、设备间子系统的设计步骤

(一)设备间位置的选择

(1)设备间应尽量处于干线子系统的中间位置，且要便于接地。

(2)宜尽量靠近建筑物电缆引入区和网络接口。

(3)尽量靠近服务电梯，以便运载设备。

(4)避免放置于高层或地下室以及用水设备的下面。

(5)要尽量避免强振动源、强噪声源和强电磁场等。

(6)尽量远离有害气体源以及腐蚀、易燃和易爆炸物。

(二)设备间使用面积的计算方法

设备间的面积应根据能安装所有屋内通信线路设备的数量、规格、尺寸和网络结构等因素综合考虑，并留有一定的人员操作和活动面积。根据实践经验，一般应不小于 $10m^2$。

(1)当计算机系统设备已选型时，可按下式计算

$$A = K \cdot \Sigma S \qquad (3-6)$$

式中　A——设备间使用面积(m^2)；

K——系数，取值为 $5\sim7$；

S——计算机系统及辅助设备的投影面积(m^2)。

(2)当计算机系统的设备尚未选型时，可按下式计算

$$A = K' \cdot N \qquad (3-7)$$

式中　A——设备间使用面积(m^2)；

K'——单台设备占用面积，可取 $4.5\sim5.5$(m^2/台)；

N——设备间所有设备的总台数。

设备间内应有足够的设备安装空间，其面积最低应不小于 $10m^2$。

（三）设备间建筑结构标准

设备间梁下高度：2.5～3.2m；门（高×宽）：2m×0.9m；地板承重：A级≥500g/m²；B级≥300kg/m²。

在地震区的区域内，设备安装应按规定进行抗震加固，并符合 YD 5059—2005《电信设备安装抗震设计规范》的相关规定。

（四）设备安装的要求

（1）机架或机柜前面的净空应不小于 800mm，后面净空应不小于 600mm。

（2）壁挂式配线设备底部离地面的高度不宜小于 300mm。

（3）在设备间安装其他设备时，设备周围的净空要求按该设备的相关规范执行。

（五）设备间的环境条件

1. 温度和湿度

为了保证综合布线的有关设备能够正常运行，必须对温度、湿度提出一定要求，温度、湿度一般可分为 A、B、C 三级。设备间可按某一级执行，也可按某些级综合执行。

一般微电子设备能连续进行工作的正常范围是温度为 10～30℃，湿度为 20％～80％。超出这个范围，设备性能便会下降，寿命也将缩短。温度与湿度的级别见表3-9。

表 3-9　　　　　　　　　　温度与湿度的级别

级别 项目	A 级		B 级	C 级
	夏季	冬季		
温度（℃）	22±4	18±4	12～30	8～35
相对湿度（％）	40～65		35～70	30～80
温度变化率（℃/h）	＜5 不凝露		＜10 不凝露	＜15 不凝露

2. 尘埃

为保证设备间子系统的正常运行，设备间内应采取良好的防尘措施，以防止有害气体（如 SO_2、H_2S、NH_3 和 NO_2 等）侵入。尘埃依存放在设备间内的设备要求而定。一般可分为 A、B 两级。A级相当于每立方英尺（1立方英尺＝2.83168×10^{-2}m^3）30万粒，B级相当于每立方英尺50万粒。表3-10列出了设备间对尘埃要求的数据。

表 3-10　　　　　　　　设备间对尘埃要求的数据

项目 级别	A 级	B 级
粒度	＞0.5	＞0.5
个数粒	＜1000	＜18000

3. 空调系统的选用

温度、湿度对设备间中微电子设备的正常运行及使用寿命都有很大的影响：温度的波动会产生电噪声，使微电子设备不能正常运行；相对湿度过低时容易产生静电，会对微电子设备造成干扰，相对湿度过高则会使微电子设备内部焊点和插座的接触电阻增大。所以在设计设备间时，应根据具体情况选择合适的空调系统。在选择空调系统时应考虑以下几点：

（1）在计算发热量时主要考虑设备发热量、设备间外围结构传热量、室内工作人员发热量、照明灯具发热量以及室外补充新风带入的热量等。

（2）计算出总发热量再乘以系数1.1，就可以作为空调负荷量，据此选用空调设备。在我国南方及沿海地区，主要考虑降温和去湿。而在我国北方及内地，既要考虑降温、去湿，又要考虑加温、加湿。

（3）设备间（机房）安装架空地板并且面积较大时，可以采用下送风、上回风恒温恒湿空调机。设备间（机房）难以安装架空地板或面积较小时，可以采用上送风恒温恒湿空调机。

（4）设备间补充的新风应为经过中效过滤器处理的空气。空气过滤器一般分为低效、中效和高效3种。可根据对设备间洁净度的要求，选用不同类型的过滤器。

4. 照明

关于设备间的照明，一般要求在设备间内距地面0.8m处，照度应不低于 200lx。设备间应设置事故照明，在距地面 0.8m 处，照度应不低于 5lx。

5. 噪声

在设计设备间子系统时，对噪声也应提出一定的要求。例如，若长时间在 70～80dB 噪声的环境下工作，不但影响工作人员的身心健康和工作效率，还可能造成人为的操作事故。一般要求设备间的噪声应低于 70dB。

6. 电磁场干扰

为保证设备间内微电子设备的正常运行，一般要求设备间无线电干扰场强在频率为 0.15～1000MHz 范围时，强度不大于 120dB。设备间磁场干扰场强不大于 800A/m。

7. 安全

设备间的安全可分为以下 3 个基本类别：

（1）A 类，对设备间的安全有严格的要求，有完善的设备间安全措施。

（2）B 类，对设备间的安全有较严格的要求，有较完善的设备间安全措施。

（3）C 类，对设备间有基本的要求，有基本的设备间安全措施。

为保证设备间的安全要求，设备间安全可按某一类执行，也可按某些类综合执行。例如，某设备间按照安全要求可选电磁波防护 A 类、火灾报警及消防设施 C 类。设备间的安全等级见表 3-11。

表 3-11　　　　　　　　　设备间的安全等级

安全项目＼安全类型	C 类	B 类	A 类
场地选择	－	＋	＋
防火	√	√	√
内部装修	＋	＋	√
供配电系统	－	＋	√

安全类型 安全项目	C类	B类	A类
空调系统	+	+	√
火灾报警及消防设施	+	+	√
防水	+	+	√
防静电	—	+	√
防雷击	—	+	√
防鼠害	—	+	√
电磁波的防护	—	+	+

注 —表示无要求；√表示有要求或增加要求；+表示严格要求。

8. 建筑物防火与内部装修

(1) A类，其建筑物的耐火等级必须符合 GB 50045—1995
《高层民用建筑设计防火规范》（2005 版）中规定的一级耐火
等级。

(2) B类，其建筑物的耐火等级必须符合 GB 50045—1995
《高层民用建筑设计防火规范》（2005 版）中规定的二级耐火
等级。

与 A、B 类安全设备间相关的工作房间及辅助房间，其建筑
物的耐火等级应不低于 GB 50016—2006《建筑设计防火规范》
中规定的二级耐火等级。

(3) C类，其建筑物的耐火等级应符合 GB 50016—2006
《建筑设计防火规范》中规定的二级耐火等级。

与 C 类设备间相关的其余基本工作房间及辅助房间，其建
筑物的耐火等级应不低于 GB 50016—2006《建筑设计防火规范》
中规定的三级耐火等级。

内部装修：根据 A、B、C 三类等级要求，设备间进行装修
时，装饰材料应符合 GB 50016—2006《建筑设计防火规范》中
规定的难燃材料或非燃材料，应能防潮、吸噪、不起尘、抗静
电等。

9. 火灾报警及灭火设施

A、B类设备间应设置火灾报警装置。在机房以及基本工作房间内、活动地板下、吊顶地板下、吊顶上方、主要空调管道中及易燃物附近部位应设置烟感和温感探测器。

（1）A类设备间内设置卤代烷 1211、1301 自动灭火系统，并备有手提式卤代烷 1211、1301 灭火器。

（2）B类设备间在条件允许的情况下，应设置卤代烷 1211、1301 自动消防系统，并备有卤代烷 1211、1301 灭火器。

（3）C类设备间应备置手提式卤代烷 1211 或 1301 灭火器。

（4）A、B、C类设备间除纸介质等易燃物质外，禁止使用水、干粉或泡沫等易产生二次破坏的灭火剂。

10. 地面

为了方便敷设电缆线和电源线，设备间的地面宜采用抗静电活动地板，其接地电阻应在 $1 \times 10^5 \sim 1 \times 10^{10} \, \Omega$ 之间。其要求应符合国家标准 SJ/T 10796—2001《防静电活动地板通用规范》。带有走线口的活动地板称为异形地板。其走线应做到光滑，以防损伤电线、电缆。设备间地面所需异形地板的块数可根据设备间所需引线的数量来确定。设备间地面严禁铺地毯。其原因为：一是容易产生静电，二是容易积灰。放置活动地板的设备间其建筑地面应平整、光洁、防潮、防尘。

11. 墙面

墙面应选择不易产生也不易吸附尘埃的材料。目前，大多数是在平滑的墙壁涂阻燃漆，或在平滑的墙壁覆盖耐火的胶合板。

12. 顶棚

设备间顶棚一般在建筑物下加一层吊顶。吊顶材料应满足防火要求。目前，我国大多数采用铝合金或轻钢作龙骨，并安装吸音微孔铝合金板、难燃铝塑板、喷塑石英板等。

13. 隔断

根据设备间放置的设备及工作需要，可用玻璃板将设备间分隔成若干个房间。隔断可采用防火的铝合金或轻钢作龙骨，安装

10mm 厚玻璃，或从地板面至 1.2m 安装难燃双塑板，1.2m 以上安装 10mm 厚玻璃。

（六）供配电

1. 设备间供电电源的要求

供电电源应满足下列要求：频率为 50Hz；电压为 380/220V；相数为三相五线制或三相四线制/单相三线制。

设备间供电电源依据设备的性能，允许的变动范围见表 3-12。

表 3-12　　　　　　　　设备间供电电源质量分级

项目 \ 级别	A 级	B 级	C 级
电压变动（%）	−5～5	−10～+7	−15～+10
频率变化（Hz）	−0.2～+0.2	−0.5～+0.5	−1～+1
波形失真率（%）	<±5	<±7	<±10

按照应用设备的用途，供电方式可分为 3 类：一类供电，需建立不间断供电系统；二类供电，需建立备用供电系统；三类供电，按一般用途供电。

设备间供电可采用直接供电和不间断供电相结合的方式。

供电容量是指将设备间存放的每台设备用电量的标称值相加后，再乘以系数 $\sqrt{3}$。

从电源室（房）到设备间的分电盘使用的电缆，除应符合国家标准规定外，载流量还应减少 50%。设备用的分电盘应设置在设备间，并应采取防触电措施。

各种设备的电缆应为耐燃铜芯屏蔽电缆，严禁铜铝混用。电力电缆不得与双绞线电缆平行走线。在双方有交叉时，应尽量以接近于垂直的角度交叉，并采取防阻燃措施。设备间电源的所有接头均应做镀锡处理、冷压连接。

设备间供电电源若采用三相五线制不间断电源（UPS）时，电源中性线的线径应大于相线的线径。不间断电源应优先选用智能化 UPS。

2. 电源插座的设置

（1）设备间或机房。新建的建筑物可预埋管道和地插电源盒。电源线的线径可根据负载大小来确定，插座数量可按 40 个/100m² 以上设计（插座必须接地线）。旧建筑物可破墙重新布线，或走明线。插座数量可按（20～40）个/100m² 以上设计（插座必须接地线）。插座要按顺序编号，并在配电柜上配有相应的低压断路器。

（2）配线间（交接间）。为了便于管理，配线间可采用集中供电方式，由设备间或机房的不间断电源为计算机网络互连设备部分供电。插座数量按每平方米一个或根据应用设备的数量来确定。

（3）办公室（工作区）。不间断电源供服务器、高档微机等；市电供照明、空调等。对于电源容量，一般办公室按 60VA/m² 以上设计；对于电源插座数量，一般办公室按 20 个/100m² 以上设计（插座必须接地线），电源插座数量要与信息插座匹配；电源插座与信息插座之间的距离一般为 30cm。

3. 常用的供配电方式

（1）直接供电方式。直接供电就是把市电（通常为 50Hz，380/220V）直接送给配电柜，经配电柜分配后再送给各用电设备。直接供电方式只适用于电网的各项技术指标能够满足主机等的用电要求，且附近又没有较大负载的启停，而电磁兼容性又很小的场合。

直接供电的优点是：供电线路简单，设备少，投资低，运行费用少，维修方便等。其缺点是对电网质量要求高，易受电网负载变化的影响等。实际上，由于种种因素的影响，电网的质量很难满足主机等应用设备的要求。因此，直接供电方式在实用上受到很大的限制。在进行设备间或机房设备供配电系统设计时，设计人员可采用不间断电源和自备发电设备供电方式来弥补这种不足。

（2）不间断电源和自备发电供电方式。

1）不间断电源（UPS）。不间断电源具有稳压、稳频、抗干扰、防止浪涌等功能。在市电供电时，不间断电源的蓄电池储存一定的能量。一旦市电断电，它能快速切换，将蓄电池的直流电逆变为交流电，供给应用系统继续使用。蓄电池容量和应用系统消耗的功率决定了这种继续供电方式的持续时间长短，一般可在15min 左右。利用这段时间，可做应急处理，也可再启动其他形式的后备电源，如柴油发电机组。不间断电源按输出功率有小型、中型和大型之分，可从几百伏安到几百千伏安。在选择不间断电源时，必须考虑容量的问题。容量小，难以完成规定时间内的供电任务；容量过大，则会使投资增大。因此，选择的原则是保证在建成初期及以后设备增加时的应急用电。在一些特殊的应用场合，供电是不允许中断的，一般可采用两台或多台 UPS 冗余式并联，从而提高整体供电的可靠性。

2）自备发电设备。在确认应用系统为一级负荷要求的前提下，即使采用两路电源供电，如果所在地区供电的连续性仍无法保证的话，应用系统的工作连续性也无从保证。考虑到不间断电源供电时间仅为 15min（或稍长些），并考虑建筑物的重要性及其他设备系统的需要，确定是否需要设置自备发电设备。自备发电设备是对一级负荷中特别重要的负荷进行供电的应急电源，智能建筑的应用系统应属于此类。设计中应考虑应用系统的特点，并根据其允许中断供电的时间，选择能够满足要求的自发电设备。

（3）直接供电与不间断电源相结合的方式。为了防止设备间的辅助设备用电干扰数字程控交换机或计算机及其网络互连系统，可将设备间的辅助用电设备由市电直接供电，而数字程控交换机、计算机及其网络互连设备由不间断电源供电。这种供电方式不仅可以减少相互干扰，而且还减少了工程造价。

二、配线间（交接间）的设计方法

配线间是放置楼层配线架（柜）、应用系统设备的专用房间。

水平子系统和干线子系统的缆线在楼层配线架（柜）上进行交接。

确定干线通道及楼层配线间的数量，应从干线所服务的可用楼层面积来考虑。如果给定楼层配线间所要服务的信息插座都在 75m 范围以内，可采用单干线子系统；凡超出这一范围的，则可采用双通道或多通道的干线子系统，也可采用分支电缆与配线间干线相连接的二级交接间。

配线间的设计方法与设备间的相同，只是使用面积比设备间小。配线间兼做设备间时，其面积不应小于 10m²。

典型的配线间面积为 1.8m²（长 1.5m，宽 1.2m）。这一面积足以容纳端接 200 个工作区所需的连接硬件设备。如果端接的工作区多于 200 个，则应在该楼层增加一个或多个二级交接间。其面积要求应符合表 3-13 的规定，也可根据设计需要确定。

表 3-13　　　　　　　　配线间和二级交接间的设置

工作区数量（个）	配线间		二级交接间	
	数量	面积（长×宽 m²）	数量	面积（长×宽 m²）
≤200	1	1.5×1.2	0	0
201～400	1	2.1×1.2	1	1.5×1.2
401～600	1	2.7×1.2	2	1.5×1.2

凡工作区数量多于 600 个的场所，均需要增加 1 个配线间。因此，任何一个配线间最多可支持 2 个二级交接间。二级交接间通过水平子系统与楼层配线间或设备间相连。配线间通常还放置各种不同的电子传输设备、网络互连设备等。这些设备的用电要求较高，最好由设备间的不间断电源供电或设置专用不间断电源，其容量与配线间内安装的设备数量有关。

三、二级交接间的设计方法

当给定楼层配线间所要服务的信息插座离干线的距离超过 75m，或每个楼层信息插座数量多于 200 个时，就需要设置 1 个二级交接间。二级交接间的设计方法与配线间相同。其面积要求应符合表 3-13 中所规定的设计方法。

第六节　建筑群子系统设计

一、建筑群子系统的设计步骤

（一）了解敷设现场的特点

了解敷设现场的特点，就是了解并确定整个建筑工地的大小，确定建筑工地界限，确定建筑物的座数。

（二）确定电缆系统的一般性参数

确定电缆系统的一般性参数就是：标识起始位置，标识端接位置，标识所涉及的建筑物和每座建筑物的层数，确定每个端接点所需的双绞线对数，确定有多少个端接点及每座建筑物所需要的双绞线的总对数。

（三）确定建筑的电缆入口

要根据建筑物的具体情况确定：

1. 现有建筑物

对于现有的建筑物要了解各个入口管道的位置，确定每座建筑有多少入口管道可供使用，明确入口管道数目是否符合系统的需要，如果入口管道不够用，则要确认在移走或重新布置某些电缆时是否能留有入口管道，以及确定在不够用时需另装多少入口管道等。

2. 在建建筑物

对于在建建筑物要根据选定的电缆路由完成电缆系统设计，并标示出入口管道的位置；选定入口管道的规格、长度和材料；在建筑物施工过程中要求安装好入口管道等。

建筑物入口管道的位置选址应设置于便于连接公共设备的点上，当需要时，应在墙上穿过一根或多根管道。对于所使用的易燃材料，如聚丙烯管道、聚乙烯管道衬套等均应端接在建筑物外部。但外线电缆的聚丙烯护皮可以例外，只要它在建筑物内部的长度包括多余电缆的卷曲部分不超过 15m。相反，如果外线电缆延伸至建筑物内部的长度超过 15m，则应考虑使用复合的电缆入口器材，在入口管道中装入防水和气密性很好的密封胶，例如 B 型管道密封胶。

（四）确定障碍物的位置

确定障碍物的位置主要是识别土壤的类型，如沙质土、黏土、砾土等；确定电缆的布线方法；确定地下设施位置；说明在拟定的电缆路由时，沿线的各个障碍物的位置或地理条件，包括铺路区域、桥梁、铁路、树林、池塘、河流、山丘、砾石地、截留井、人孔及其他；确定对管道的需求。

（五）确定主电缆路由和备用电缆路由

对于每一种特定的路由，确定可能的电缆结构，即所有建筑物共用一条电缆；对所有建筑物进行分组，每组单独分配一条电缆；每个建筑物单独使用一条电缆。

说明在电缆路由中哪些地方是需要获准后才能通过，通过对每个路由的比较，从中选择最优的路由方案。

（六）选择所需电缆类型和线规

选择所需电缆类型和线规的内容是确定电缆的长度；画出最后的结构图；准备选定路由的位置和挖沟的详细图，包括公用道路图或需要审批后才能使用的地区图；确定入口管道的大小与规格；选择每种设计方案中所需的专用电缆；如果需要用管道，应该选择其规格、长度及类型；如果需用管钢，应选择其规格和材料。

（七）确定每种选择方案所需的劳务成本

确定布线的时间，其中包括迁移或改变道路、草坪、树木等所花的时间，如果使用管道，应包括敷设管道和穿电缆的时间；确定电缆接合时间；确定其他的时间，例如，移走旧电缆、处理障碍物所需用的时间；计算总的时间，其方法将把各项所需时间累加；计算每种设计方案的费用，即总时间乘以当地的工时费。

（八）确定每种选择方案的材料成本

材料成本主要包括电缆成本、支撑结构成本和支撑硬件成本。确定电缆成本即确定每米的成本；针对每根电缆，查清每100m的成本。所有对应电缆价格与总长度的乘积之和即为电缆成本。计算所有支撑结构成本即说明并列出所有支撑结构；根据价格表查明每项用品的单价；将单价乘以所需的数量即为支撑结构成本。计算所有支撑硬件成本。将三者相加即为材料总成本。

（九）选择最经济、最实用的设计方案

把每种选择方案的劳务成本和材料成本相加，即为每种方案的总成本。比较各种方案的总成本后，从中选出成本较低的最优方案（不一定是成本最低的方案）。如果涉及干线电缆，则应考虑相关的成本和设计规范。

二、建筑群子系统的布线方法

在选用布线方法时，应根据综合布线建筑群主干布线子系统所在地区的规划要求、地上或地下管线的平面布置、街坊或小区的建筑条件，对施工和维护是否方便以及环境美观要求等诸多因素综合研究，全面考虑，适当选用一种或几种的组合方式。如在同一段落中有两种以上的布线方法可选用时，应作技术经济比较后，再选用较为合理的布线方法。在设计之前应通过现场勘察了解整个园区（建筑群）的基本情况，掌握第一手的资料，包括：园区的大小、建筑物的多少、各个楼宇入口管道位置、园区的环境状况、地上地下是否有障碍物等，在充分调研的基础上综合确定出科学合理、切实可行的线路路由方案和缆线布线方法。

（一）直埋电缆法

直埋电缆法是将电缆直接埋入地下，除了穿过基础墙的那部分电缆有导管保护外，其余部分均没有管道给予保护，如图3-24所示。基础墙的电缆孔应向外尽可能地延伸直至

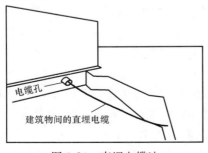

图 3-24 直埋电缆法

没有人动土的地方，以免日后有人在墙边挖土时损坏。直埋电缆通常应埋在距离地面60cm以下的地方，或按照当地有关法规进行施工。如果在同一土沟里埋入通信电缆和电力电缆时，应设立明显的共用标志。

直埋电缆法的优点是：提供某种程度的机械保护，保持道路和建筑物外貌整齐，初次投资较低。缺点是扩容或更换电缆时，会破坏道路和建筑物外貌。

（二）架空布线法

架空布线法是使用由电线杆支撑的电缆在建筑物之间进行悬空架设的布线方法。采用这种方法时，由电线杆支撑的电缆在建筑物之间悬空，如果原先就有电线杆，则这种布线方法成本较低。

架空电缆通常穿入建筑物外墙上的U形钢性保护套，然后向下或向上延伸，从电缆孔进入建筑物内部。建筑物电缆入口的最小孔径一般为5cm。从建筑物到最近处的电线杆通常相距不足30cm。通信电缆与电力电缆之间距离应服从当地相关部门的有关法规。

架空布线法的优点是施工建筑技术较简单；建筑条件不受限制；能适应今后变动，易于迁移、更换或调整，便于扩建增容；初次工程投资较低。缺点是不能提供机械保护，影响了美观，而且保密性、安全性和灵活性都较差。因此，目前较少使用这种布线方式。

（三）地下管道法

地下管道法是指通过管道和接合井（人孔）完成地下布线。管道由耐腐材料制成，施工时将缆线拉入管道和接合井内，在接合井内完成建筑物之间缆线的互连。这种布线法的优点是：电缆安全，有最佳的保护措施，延长电缆使用年限；产生障碍机会少，不会影响通信，有利于使用和维护；电缆线路隐蔽好，不会影响环境美观；敷设电缆方便，易于扩建和更换。缺点是挖沟、开管道和建人孔的初次投资较高。

通常，埋设管道的深度起码要低于地面 0.5m，或者应符合本地城管等部门有关法规所规定的深度。在电源人孔和通信人孔合用的情况下，由于人孔里有电力电缆，通信电缆千万不要在人孔里进行端接；通信管道与电力管道至少要用 8cm 的混凝土或者 30cm 的压实土层隔开。安装时，必须埋设一个备用管道并放一条拉线，以供日后扩充之用。

在建筑群管道系统中，接合井的平均间距大约为 50m，或者在主结合处设置接合井。接合井可以是预制的，也可以在现场浇筑。在结构方案中应注明所使用的接合井的类型。

（四）通道布线法

通道布线法是在砌筑的电缆通道内，先安装金属支架，然后将通信缆线布放在金属支架上。这种布线方法维护、更换、扩充缆线非常方便，如果与其他弱电系统合用将是一种不错的选择。在满足净距要求的条件下，通信缆线也可以与 1kV 以下电力电缆共同敷设。

（五）建筑群布线方法的比较

建筑群布线方法的比较见表 3-14。

表 3-14   建筑群布线方法的比较

布线方法	优 点	缺 点
直埋电缆法	（1）提供某种程度的机构保护 （2）保持建筑物的外貌	（1）挖沟成本高 （2）难以安排电缆的铺设位置 （3）难以更换和加固
架空布线法	如果本来就有电线杆，则成本最低	（1）没有提供任何机械保护 （2）灵活性差 （3）安全性差 （4）影响建筑物美观
地下管道法	（1）提供最佳的机构保护 （2）任何时候都可铺设电缆 （3）电缆的铺设、扩充和加固都很容易 （4）保持建筑物的外貌	挖沟、开管道和人孔的成本很高

续表

布线方法	优　点	缺　点
通道布线法	保持建筑物的外貌，如果本来就有隧道，则成本最低、安全	热量或泄漏的热水可能会损坏电缆，电缆可能被水淹没

第七节　综合布线系统的防护设计

一、电气保护设计

（一）过电压保护

1. 气体放电管

气体放电管保护器使用断开的放电空隙来限制导体与地之间的电压。气体放电管保护器的陶瓷（或玻璃）外壳内密封有两个电极，其间有放电间隙，密封壳内部充有一些惰性气体。当两极之间电位差超过 250V 交流电压或 700V 雷电浪涌电压时，气体放电管开始放电，为导体与地之间提供一条导电通路。

2. 固态保护器

固态保护器是一种电子开关，它可适应较低的击穿电压(60～90V)，而且它的电路不可有振铃电压。当未达到其击穿电压时，它可进行快速、稳定、无噪声、绝对平衡的电压钳位。一旦超过击穿电压，它便利用电子电路将过量的有害电压泄放入地，然后自动恢复到原来的状态。它为综合布线提供了最佳的保护。

（二）过电流保护

电缆上可能出现不足以使过电压保护器动作的电压，但它们所产生的电流可能会损坏设备。因此，对地有低阻通路的设备（通常是 PBX 中继线路）必须给以过电流保护。过电流保护器串接在线路中，当发生过电流时，切断线路。为了方便维护，过电流保护器可采用自动恢复型。目前过电流保护器有热敏电阻和雪崩二极管可供选用，但价格高，因此可选用加热线圈或熔丝，它们的电气特性相同，但工作原理不同。加热线圈在动作时将导体接地，而熔丝则会切断线路。一般情况下，过电流保护器电流值在 350～500mA 之间将起作用。

在建筑物综合布线系统中，只有少数线路需要过电流保护，设计人员可尽量选用可自动恢复的保护器；对于传输速率较低的线路（如语音线路），使用熔丝比较容易管理。现代通信系统的通信线路在进入建筑物时，一般多采用过电压和过电流双重保护。

（三）保护器的标识

各种保护器用字母数字代码来标识，最多用 6 个字符。第 1 个位置（1 个或 2 个数字）代表电压保护类型。第 2 个位置是一个字母，它表示测试口（只适用插入型）；拧入型保护器没有测试口，在第 2 个位置用字母"A"注明。第 3 个位置（1 或 2 个数字）表示保护器的颜色，并用于指出该保护器可保护的线路类型。第 4 个位置（1 或 2 个字母）表示插入型保护器的类型：气体管、宽隙气体管或固态保护器。第 5 个位置（可能没有）代表电压调节器类型。保护器代码与位置关系如下：

代码　N　L　N　L—N
位置　1　2　3　4—5

其中，N 是数字，L 是字母。保护器代码含义和选项见表 3-15。

表 3-15　　　　　　　　　保护器代码含义和选项

位 置	含 义	选 项
1	电压保护型	1—卡口型 2—拧入型 3—只有限压型 4—VLD 和加热线圈（用于寄生电流保护） 5—只起连接作用 6—双隙（宽隙和窄隙）保护器

续表

位　置	含　　义	选　　项
2	测试口	A—已被厂家废弃 B—无测试口 C—有测试口
3	色标	1—黑色：标准业务线路 2—绿色：当前尚不投入的线路 3—红色：特殊线路 4—黄色：PBX 电池 9—白色：消息与振铃送回 11—橙色：小型桥式提升器
4	VLD 保护 元件类型	A—碳：3 型保护 C—碳：4 型保护 E—气体管（窄隙） EW—气体管（宽隙） S—固态
5	电压 调节器	75—低压应用（标称值 75V 的保护器）

在选择保护器安装位置时，应遵循的原则是：便于维护；尽可能接近电源；确定能限制建筑物内部导体长度的位置；要限制接地线至合格接地点的长度，最大限度地减少通往电源地线的各条要接线的长度；把保护器的地线接至接地电极系统的最近位置；地线要求尽可能的短和直；供电地线与主地线需焊在一起；根据保护线路的数目选用适当粗细的地线等。

二、接地设计

（一）接地设计的种类

（1）交流工作接地。为保证电力系统和电气设备达到正常工作要求而进行的接地。220/380V 交流电源中性点的接地即为交流工作接地。

（2）逻辑接地。也称信号接地或直流工作接地，是指为了确保计算机内部电子电路具有稳定的基础电位（即零电位参考点）

而设置的接地。

计算机系统的直流地是数字电路或系统的基准电位，但不一定是大地电位。如果把该接地系统经一低阻通路接至大地，则该地线系统的电位即可视为大地电位，称为直接接大地（通常要求接地电阻≤4Ω）。如果地线系统不与大地相接，而是与大地严格绝缘（绝缘阻抗一般应在 1MΩ 以上），则称为直流地悬浮。悬浮对解决来自交流电网的干扰以及提高计算机系统的可靠性是有效的。但在静电感应、电磁感应以及雷击等外界干扰因素的影响下，这个悬浮的基准电位仍会出现浮动而不稳定，影响系统的稳定运行。不同的计算机系统对直流地的处理方式不同，但从安全角度而言，直流地应直接接大地。

（3）保护接地。为保障人身安全、防止间接触电而将设备外露可导电部分接地。所谓设备外露可导电部分是指正常情况下与带电体绝缘的金属外壳、机壳或面板等部分。

一般来说，设备外壳、机壳等是不带电的，但发生故障（如电源线绝缘损坏）造成电源的供电火线与外壳等导电金属部件短路时，这些金属部件或外壳就形成了带电体，如果没有良好的接地，则带电体和地之间就会产生很高的电位差。如果人不小心触到这些带电体，就会通过人身形成电流通路，产生触电危险。因此，必须将金属外壳和地之间做良好的电气连接，使机壳和地等电位。此外，保护接地还可以防止静电的积聚。

（4）屏蔽接地。为了防止干扰磁场与电子线路发生磁耦合而产生相互影响，将设备内外的屏蔽线及屏蔽房间的屏蔽体进行接地，称为屏蔽接地。

（5）静电接地。为消除静电而进行的接地，称为防静电接地。导静电地面、活动地板、工作台面和坐椅垫套必须进行静电接地。静电接地的连接线应有足够的机械强度和化学稳定性。导静电地面和台面采用导电胶与接地导体黏结时，接触面积不宜小于 $10cm^2$。静电接地可以经限流电阻及自己的连接线与接地装置相连，限流电阻的阻值宜为 1MΩ。

（6）防雷接地。为消除雷击和过电压的危害而设的接地，称为防雷接地。

（二）接地设计的连接

在智能建筑综合布线系统中，其缆线与相关连接硬件的接地是提高应用系统的可靠性、抑制噪声、保障安全的重要手段。在进行设备间的设计前，要弄清楚应用系统设备接地要求及地线与地线之间的相互关系。如应用系统接地不当，将会影响应用系统设备的稳定工作，引起故障。

微电子设备接地时，信号电路和电源电路以及高电平电路和低电平电路不应使用共地回路。灵敏电路的接地，应各自隔离或屏蔽，以防地回流或静电感应而产生干扰。

在综合布线系统的各种接地中，如果单独设置，除防雷接地的接地电阻一般要求$\leqslant10\Omega$，屏蔽接地电阻一般要求$\leqslant30\Omega$（也有一些系统要求屏蔽接地的接地电阻$\leqslant1\Omega$）外，其余几种接地的接地电阻均要求$\leqslant4\Omega$。在现代建筑中，独立设置上述几种接地系统而保持相应的间距是比较困难的，所以规范推荐采用联合接地（亦称共同接地），即将防雷接地、交流工作接地、各种装置外壳、金属管外皮及高频电子设备的信号接地统一接到共用的接地装置上。当综合布线采用联合接地系统时，通常利用建筑柱筋作防雷接地引下线，而接地体一般利用建筑物基础内钢筋网作为自然接地体，使整幢建筑的接地系统组成一个笼式的均压整体。联合接地的接地电阻要求$\leqslant1\Omega$。与各接地系统分开设置相比，联合接地方式具有以下优点：

（1）当建筑物遭受雷击时，楼层内各点电位比较均匀，人员及设备的安全得到较好保障。同时，大楼的框架结构对中波电磁场能提供$10\sim40\text{dB}$的屏蔽效果。

（2）容易获得较小的接地电阻。

（3）节约金属材料，占地少，不会发生矛盾。

对直流工作接地有特殊要求，需要单独设置接地装置的计算机系统，其接地电阻值及与其他接地装置接地体之间的距离，应按计算机系统及有关规范的要求确定。

（三）接地设计的结构

1. 接地线

接地线是指综合布线系统中各种设备与接地母线之间的连线。所有接地线均为铜质绝缘导线，其截面积应不小于 4mm²。当综合布线系统采用屏蔽电缆布线时，信息插座的接地可利用电缆屏蔽层作为接地线连至每层的配线柜。若综合布线的电缆采用穿钢管或金属线槽敷设时，钢管或金属线槽应保持连续的电气连接，并应在两端具有良好的接地。

2. 接地母线（层接地端子）

接地母线是水平布线子系统接地线的公用中心连接点。每一层的楼层配线（架）柜均应与本楼层接地母线相焊接；与接地母线同在一个配线间的所有综合布线用的金属架及接地干线均应与该接地母线相焊接。接地母线均应为铜母线，其最小尺寸（厚×宽）应为 6mm×50mm，长度根据工程实际需要来确定。接地母线应尽量采用电镀锡以减小接触电阻；如没有电镀层，则在将导线固定到母线之前，须对母线进行清理。

3. 接地干线

接地干线是由总接地母线引出的，它是连接所有接地母线的接地导线。在进行接地干线的设计时，应充分考虑建筑物的结构形式、建筑物的大小，以及综合布线的路由与空间配置，并与综合布线电缆干线的敷设相协调。接地干线应安装在不会受到物理和机械损伤的地方，建筑物内的水管及金属电缆屏蔽层不能作为接地干线使用。当建筑物中使用两个或多个垂直接地干线时，垂直接地干线之间每隔三层及顶层需用与接地干线等截面积的绝缘导线相焊接。接地干线应为绝缘铜芯导线，最小截面积应不小于 16mm²。当接地干线上的接地电位差大于 1V（有效值）时，楼层配线间应单独用接地干线接至主接地母线。

4. 主接地母线（总接地端子）

一般情况下，每栋建筑物有一个主接地母线。主接地母线作为综合布线接地系统中接地干线和设备接地线的转接点，其理想位置宜设于外线引入间或建筑配线间。主接地母线应布设在直线路径上，同时考虑从保护器到主接地母线的焊接导线不宜过长。接地引入线、接地干线、直流配电屏接地线、外线引入间的所有接地线以及与主接地母线在同一配线间的所有综合布线用的金属架均应与主接地母线良好焊接。当外线引入电缆配有屏蔽或穿在金属保护管中时，此屏蔽和金属管也应焊接至主接地母线。主接地母线应采用铜母线，其最小截面尺寸（厚×宽）为 6mm×100mm，长度可根据工程实际需要确定。与接地母线相同，主接地母线也应尽量采用电镀锡以减小接触电阻；如不是电镀，则主接地母线在固定到导线前必须进行清理。

5. 接地引入线

接地引入线指主接地母线与接地体之间的连接线，宜采用宽×厚为 40mm×4mm 或 50mm×5mm 的镀锌扁钢。接地引入线应做绝缘防腐处理，其出土部位应采取防机械损伤的措施，且不宜与暖气管道同沟布放。

6. 接地体

埋入土壤中或混凝土基础中做散流的导体称为接地体。接地体分自然接地体和人工接地体两种。当综合布线采用单独接地系统时，接地体一般采用人工接地体，并应满足以下条件：

（1）距离工频低压交流供电系统的接地体应不小于 10m。

（2）距离建筑物防雷系统的接地体应不小于 2m。

（3）接地电阻应不大于 40Ω。

三、抗电磁干扰设计

当综合布线系统的周围环境存在电磁干扰时，必须采取屏蔽防护措施，以抑制外来的电磁干扰。采用屏蔽是为了在有干扰的环境下保证综合布线通道的传输性能。它有两部分内容，即减少电缆本身向外辐射的能量和提高电缆抗外来电磁干扰的能力。

在实际应用中，为最大程度地降低干扰，除保持屏蔽层的完整、对屏蔽层可靠接地外，还应注意传输通道的工作环境，使其远离电力线路、变压器或电动机房等各种干扰源。当综合布线环境极为恶劣，电磁干扰强，信息传输速率又高时，为满足电磁兼容性的需求，可直接采用光缆。

（一）双绞线电缆与电磁干扰源之间的距离

双绞线电缆与电磁干扰源之间的最小分隔距离见表 3-16。

表 3-16　　双绞线电缆与电磁干扰源之间的最小分隔距离

最小间距　　　　　　　　　负载 走线方式	<2kVA	2~5kVA	>5kVA
接近于开放或无电磁隔离的电力线或电力设备	127mm	305mm	610mm
接近于接地金属导体通路的无屏蔽电力线或电力设备	64mm	152mm	305mm
接近于接地金属导体通路的封装在接地金属导体内的电力线	380mm	76mm	152mm
变压器和电动机	800mm	1000mm	1200mm
日光灯	305mm		

注　1. 在电压大于 380V，且功率大于 5kVA 的情况下，需进行工程计算，以确定电磁干扰源与非屏蔽双绞线电缆之间的分隔距离。

　　2. 表中最小分隔距离是指双绞线电缆与电力线之间的平行走线距离。在垂直走线时，除应考虑变压器、大功率电动机的干扰之外，其余干扰可忽略不计。

　　3. 双绞线电缆为屏蔽结构时，最小净距可适当减小，但应符合设计要求。

（二）双绞线电缆与其他管线之间的距离

双绞线电缆与其他管线之间的最小净距见表 3-17。

表 3-17　　双绞线电缆与其他管线之间的最小净距

序号	管线种类	平行净距 （mm）	垂直交叉净距 （mm）
1	避雷引下线	1000	300
2	保护地线	50	20

序号	管线种类	平行净距 （mm）	垂直交叉净距 （mm）
3	热力管	500	500
4	热力管（包封）	300	300
5	给水管	150	20
6	煤气管	300	20
7	压缩空气管	150	20

（三）光缆与其他管线之间的距离

光缆敷设时与其他管线之间的最小净距应符合表 3-18 的规定。

表 3-18　　　　　　光缆与其他管线之间的最小净距

项目 内容	范　　围	最小间隔距离（m）	
		平　行	交　叉
市话管道边线（不包括入孔）	—	0.75	0.25
非同构的直埋通信电缆	—	0.50	0.50
直埋式电力电缆	＜35kV	0.65	0.50
	＞35kV	2.00	0.50
给水管	管径＜30cm	0.50	0.50
	管径 3～50cm	1.00	0.50
	管径＞50cm	1.50	0.50
高压石油、天然气管	—	10.00	0.50
热力、下水管	—	1.00	0.50
煤气管	压力＜0.3MPa	1.00	0.50
	压力 0.3～0.8MPa	2.00	0.50
排水沟	—	0.80	0.50

四、防雷设计

采用屏蔽布线系统时，每一楼层的配线柜均应采用适当截面的铜导线单独布线至接地体，也可在竖井内集中用铜排或粗铜线引至接地体，导线或铜导体的截面应符合标准。接地导线应接成树状结构的接地网，避免形成直流环路。每个楼层配线架应单独设置接地导线至接地体装置，成为并联连接，不得采用串联连接。干线电缆应尽可能位于建筑物的中心位置，当电缆从建筑物外进入建筑物时，电缆的金属护套或光缆的金属件均应有良好的接地。

接地导线应选用截面积不小于 2.5mm^2 的铜芯绝缘导线。对于非屏蔽系统，非屏蔽缆线的路由附近应敷设直径为 4mm 的铜线作为接地干线，其作用与电缆屏蔽层完全相同。

五、防火设计

在智能建筑中，综合布线的用线量逐渐增多，计算机应用逐年增长的速度也越来越快。而图像通信和数据、语音等多媒体通信也在不断发展。目前，每栋智能建筑的综合布线量都很大，它们通常敷设于走廊的吊顶层、密闭的管道内或活动地板内，存在着较大的安全隐患。由于综合布线的缆线大量使用 PVC 材料，这种材料的燃烧值比其他材料较高，所以综合布线系统应采取相应的防火措施，在选择材料时线距一定要符合规范。防火的具体措施如下：

（1）大对数综合布线主干电缆和光缆在建筑物内垂直布线或在平面过道吊顶内敷设安装时，都必须采用防火型（阻燃型）电缆或防火型（阻燃型）光缆外加金属缆走线槽或金属铁管予以保护（防碰撞及防屏蔽干扰）。

（2）当主干电缆和光缆采用非防火型（非阻燃型）电缆或光缆时，必须将主干电缆和光缆都敷设安装于带有安全可靠的防火措施的金属管内。

（3）当水平缆线（多束小对数电缆和光缆）在楼层的平面吊顶内敷设安装时，应将其安放于涂有多道防火油漆的金属管道内予以保护（防火、防碰撞及防屏蔽干扰）。

（4）在大型公共场所应采用低燃、低毒、阻燃的缆线。

（5）相应的设备间或交换间应采用阻燃型配线设备。

第四章

综合布线系统安装施工

📢 第一节 综合布线系统施工准备

一、施工的基本要求

（1）综合布线系统工程的安装施工应按照 GB 50312—2007 《综合布线系统工程验收规范》中的相关规定进行，也可根据工程设计要求进行。

（2）在智能化小区的综合布线系统工程中，其建筑群主干布线子系统部分的施工与本地电话网络有关，因此安装施工的基本要求应符合我国通信行业标准 YD 5102—2010《通信线路工程设计规范》等标准中的规定。

（3）综合布线系统工程中所用的缆线类型和性能指标、布线部件的规格和质量等均应符合我国通信行业标准 YD/T 926.1-3—2009《大楼通信综合布线系统第 1～3 部分》等规范或设计文件的规定。在工程施工中，严禁使用未经鉴定的器材和设备。

（4）为了确保传输线路的工作质量，在施工现场要有参与该项工程方案设计的技术人员进行监督、指导。

（5）标记必须清晰、有序，这样会为下一步的设备安装、调试工作带来便利，以确保后续工作的正常进行。

（6）对于已敷设完毕的线路，必须进行测试检查。线路的畅通、无误是综合布线系统正常可靠运行的基础和保证。要测试线路的标记是否准确无误，检查线路的敷设是否与图纸一致等。

（7）须敷设一些备用缆线，以便在敷设线路的过程中，由于种种原因而导致个别线路出问题时，备用缆线可及时、有效地代替这些出问题的线路。

（8）为确保信号、图像的正常传输和设备的安全，要完全避免电涌干扰，高、低压线须分开敷设。高压线应使用铁管屏蔽。高、低压线应避免平行走向，但由于现场条件致使高、低压线只能平行敷设时，其间隔应按规范中的相关规定执行。

二、施工的技术准备

（1）熟悉、会审图纸。图纸是工程的语言、施工的依据。开工前，施工人员应熟悉施工图纸，了解设计内容及设计意图，明确工程所采用的设备和材料，明确图纸所提出的施工要求，明确综合布线工程以及主体工程与其他安装工程的交叉配合，以便及早采取措施，确保在施工过程中不破坏建筑物的强度和外观，不与其他工程发生位置冲突。

（2）熟悉与工程有关的其他技术资料，如施工及验收规范、技术规程、质量检验评定标准，以及制造厂商提供的资料，即安装使用说明书、产品合格证、试验记录数据等。

（3）编制施工方案。在全面熟悉施工图纸的基础上，依据图纸并根据施工现场情况、技术力量及技术装备情况，综合做出合理的施工方案。

（4）编制工程预算。工程预算包括工程材料清单和施工预算。

三、施工前的原材料准备

（1）光缆、双绞线、插座、信息模块、服务器、稳压电源、集线器、路由器、交换机等应落实购货厂商，并确定提货日期。

（2）不同规格的塑料槽板、PVC 防火管、金属管槽、接线盒等配件、蛇皮管、自攻螺钉等布线用料都应就位。

（3）如果集线器是集中供电，则应准备好导线、铁管和制订好电气设备安全措施（供电线路必须按民用建筑标准规范进行）。

（4）各种电气性能测试仪表的精度要求合格，必须事先进行全面测试和检查，如发现问题应及早检修或更换。对于施工中使用的光纤熔接机、电缆芯线接续机等设备均必须能保证正常工作、技术性能完善。

（5）应清点和检验各种施工器具，如有欠缺和质量不佳必须补齐和修复。攀登工具和牵引工具都不得产生损坏和失灵现象，以防施工中发生危害人身安全的事故。尤其是电动工具均为带电作业，必须详细检查连接软线并进行通电测试，确保无问题时才能在施工中使用。

四、施工前的各项检查

（一）施工环境检查

1. 交接间、设备间的建筑和环境条件检查

在安装工程开始前应检查交接间、设备间的建筑和环境条件，具备下列条件时方可开工：

（1）交接间、设备间、工作区土建工程已全部竣工。房屋的墙壁和地面要求平整，室内应通风、干燥、光洁，门窗齐全，门的高度和宽度均应符合工艺要求，不会妨碍设备和器材的搬运。门锁性能良好，钥匙齐全，可以保证房间安全可靠，真正具备安装施工的基本条件。

（2）房间内按设计要求预先设置的地槽、暗敷管路和孔洞的位置、数量、尺寸均应正确无误，符合设计要求。

（3）设备间敷设的活动地板应符合国家标准 SJ/T 10796—2001《防静电活动地板通用规范》的要求，认真检查施工质量，要求地板铺设表面平整，板缝严密，安装严格，没有凹凸现象，地板支柱安装应坚固牢靠，每平方米的水平允许偏差应不大于2mm。活动地板的防静电措施和接地装置应符合设计和产品的

说明要求。

（4）设备间和交接间内均应设置使用可靠的交流单相 50Hz、220V 的施工电源，其接地电阻值和接地装置均应符合设计要求，以供安装施工和维护检修使用。对于不满足接地电阻要求条件的，必须采取措施，以保证施工的安全。

（5）设备间和交接间的面积大小、环境温湿度条件、防尘和防火措施、内部装修等均应符合工艺设计提出的要求或有关标准规定。

（6）交接间安装有源设备以及设备间安装计算机、交换机、维护管理系统设备和配线装置时，应按系统设备安装工艺设计要求检查建筑物及环境条件。

（7）交接间、设备间设备所需要的交直流供电系统由综合布线设计单位提出要求，在供电单项工程中实施。

2. 电缆进线室检查

电缆进线室位于地下室或半地下室时，应采取通风措施，且地面、墙面、顶面应有较好的防水和防潮性能。

3. 环境检查

（1）温度和湿度的要求，温度应为 10～30℃，湿度应为 10％～80％。温度和湿度过高或过低，容易造成缆线及器件绝缘不良和材料老化。

（2）地下室的进线室应保持通风，排风量应按每小时不低于 5 次换气次数计算。

（3）给水管、排水管、雨水管等其他管线不宜穿越配线机房，应考虑设置手提式灭火器和火灾自动报警器。

4. 照明、供电和接地检查

（1）照明应采用水平面一般照明，照度可为 75～100lx；进线室应采用具有防潮性能的安全灯，灯的开关装于门外。

（2）工作区、配线间和设备间的电源插座均应采用 220V 单相带保护的电源插座，插座接地线从 380/220V 三相五线制的 PE 线引出。根据所连接的设备情况，部分电源插座应考虑采用

UPS的供电方式。

（3）综合布线系统要求在交接间设有接地体，如果采用单独接地其电阻值应不大于4Ω；如果采用联合接地其电阻值应不大于1Ω。接地体的使用场合主要包括：

1）机柜（机架）屏蔽层接地。

2）电缆线的金属外皮或屏蔽电缆的屏蔽层接地。

3）配线设备的走线架，过电压与过电流保护器及报警信号的接地。

（二）施工设备、器材及工具的检验

1. 型材、管材与铁件的检验

（1）各种钢材和铁件的材质、规格、型号应符合设计文件的规定和质量标准，不得有歪斜、扭曲、毛刺、断裂和破损等缺陷。若表面做过防锈处理，应保持光洁、无脱落、无气泡。

（2）各种管材的管身和管口不得变形，接续配件齐全有效。各种管材（如钢管、硬质PVC管等）内壁应光滑，无节疤，无裂缝；其材质、规格、型号及孔径壁厚应符合设计文件的规定和质量标准。

2. 电缆、光缆的检验

为了使工程中布放的电缆、光缆的质量得到有效的保证，在工程的招投标阶段可对厂家所提供的产品样品进行分类封存备案，待工程实施中厂家大批量供货时，用所封存的样品进行对照，以检验产品的外观、标识和质量是否完好，对工程中所使用的缆线应按以下要求进行：

（1）缆线的检验内容。

1）工程中所用的电缆、光缆的规格、形式和型号应符合设计的规定和合同要求。

2）成盘的电缆（一般以305m配盘）、光缆的型号和长度等应与出厂时的产品质量合格证一致。

3）缆线的外护套应完整无损，电缆所附标志、标签的内容应齐全、清晰。如用户有要求，应附有本批量电缆的技术指标。

（2）缆线的性能指标抽测。对于双绞线电缆，应从到达施工现场的批量电缆中任意抽出 3 盘，并从每盘中截取 90m，同时在电缆的两端连接相应的接插件，以形成永久链路（5 类布线系统可以使用基本链路模式）的连接方式，并使用现场电缆测试仪进行链路的电气特性测试。从测试的结果分析和判断这批电缆及接插件的整体性能指标，也可以让厂家提供相应的产品出厂检测报告和质量技术报告，并与抽测的结果进行比较。对于光缆，首先应对外包装进行检查，查看有无损伤或变形的现象，也可按光纤链路的连接方式进行抽测。

3．接插件及配线设备的检验

（1）配线模块和信息插座及其他接插件的部件应完整，检查塑料材质是否满足设计要求。

（2）保安单元过电压、过电流保护的各项指标应符合有关规定。

（3）光纤插座连接器的类型和数量、位置，应与设计相符。

（4）光缆、电缆接续设备的类型、规格应符合设计要求。

（三）施工安全性检查

1．穿着合适的衣服

在开始工作前，应穿着合适的衣服。通常可穿一般的工作服长裤和外套，但在进行某些特殊作业时，还要求穿戴的物品有：安全眼镜，在敷设头顶上的缆线时要向上看或在施工光缆时，必须戴安全眼镜；安全帽，当在一个建筑工地环境中布放缆线时，为防止落物的伤害，要戴上硬的安全帽子；鞋，当在一个建筑工地环境中工作时，为了防止落物砸伤脚部，要穿安全鞋；手套，当处理缆线及架空多股金属线和拉绳时，要戴手套以避免对手的伤害。如果在电源线附近工作，则佩戴使用绝缘手套。

2．使用安全工具

敷设缆线要求使用某些手动和电动的工具，因此要注意使用工具的安全。确认工具是锐利的，迟钝的工具可能会弹回来，造成伤害；要使用双面绝缘的工具，并应使用具有橡皮柄的手动工具，以防止电冲击；应使用高质量的工具，高质量的工具将易于作业的进行，且安全性能好。

3. 确定电气缆线的准确位置

在某些场合，可能要布的缆线距离电气缆线很近，为了避免操作影响到电气缆线，如钻孔等穿破电气缆线等，要尽可能准确地确定电源线的位置。若在大楼中布线，则要索取缆线布线图，以便了解各种缆线的情况。

4. 保持工作区的安全

当在室外工作时，若工作区有人和车辆通过，则要设栅栏以使其绕行，以免伤害他人和自己。

5. 安全性规则

在开始作业前要制订出安全性规则，例如，在两个人孔之间拉缆线通过管道时，要确保不要有伤害人的条件存在，例如打开的人孔或人孔中有汽油或存在有毒气体等。

五、管线施工的检查

（一）建筑群管线施工检查

在布放建筑群子系统的缆线时，宜采用钢管、多孔塑料管或水泥管块敷设。地下通信配线管道的规划应与城市其他管线的规划相适应，并做到同步建设。

管道敷设所用管材的材质、规格和断面的组合必须符合设计的规定，且所有的金属管道全程必须保持良好的导通性能，两端应就近接地。

1. 水泥管块敷设

（1）水泥管块的顺向连接间隙应不大于 5mm，上下两层管块间及管块与基础间的距离均应为 15mm。

（2）管群的两层管及两行管的接续缝应错开。水泥管块的接缝无论行间、层间均宜错开 1/2 的管长。

（3）水泥管块的接续应采用抹浆的方法，水泥浆与管身粘接应牢固、质地坚实、表面光滑、不空鼓、无飞刺、无欠茬、不断裂。

2. 铸铁管与塑料管的敷设

（1）钢管敷设的断面组合应符合设计规定。

（2）钢管接续宜采用管箍法，管口应光滑，两根钢管应分别旋入管箍长度的 1/3 以上。

（3）塑料管的接续宜采用承接法或双承接法。

3. 管道引入人（手）孔要求

（1）管顶距人（手）孔、通道上覆、沟盖底面不小于 300mm，管孔距人（手）孔和通道基础面应不小于 400mm。

（2）各种引上管进入人（手）孔、通道的位置，宜在上覆、沟盖下 200～400mm 范围以内。管口应在墙体内 30～50mm 处终止，并应封堵严密、抹出喇叭口。

4. 地下通信用蜂窝式 PVC 等多孔直埋管敷设

（1）产品特点。地下通信用蜂窝式 PVC 直埋管是一种新型光缆护套管，具有施工便捷、提高功效、节约成本、降低工程造价及稳妥可靠等优点，广泛应用于广电、邮电等光纤通信、有线电视、多媒体传输基础工程，是一种新型实用的光电通信设施上的配套产品。其特点主要包括：

1）产品采用聚氯乙烯为主要原料，适量填加多种助剂，具有良好的抗老化、耐腐蚀、阻燃性和绝缘性能。

2）产品采用人字梁结构，不但设计合理，而且使管道的刚度提高，抗压性能增强。

3）产品采用多孔一体结构，可以直接穿缆。各子管排列紧凑合理，提高了管孔的利用率。

4）产品内壁光滑度好，管孔内壁摩擦阻力小，便于穿缆。

5）不需外护套，直埋入地，从而减少了材料消耗，缩短了投资周期。

6）具有良好的抗酸碱、耐老化、耐冲击和密封防水性能。

7）适用于敷设光缆、电缆等缆线，敷设的兼容性好。

（2）沟槽。蜂窝式直埋管材开槽施工工艺应根据现场环境、槽深、地下水位高低、地质情况、施工设备、季节影响等因素综合考虑。开挖沟槽尺寸应符合工程设计要求。

（3）敷设安装。铺管前应验收管材规格型号，以及堵塞、接头等材料的规格、数量，并对外观质量进行检查，不符合标准的不得使用。

蜂窝式直埋管或接头在黏合前应用棉纱或干布将承口内侧、插口外侧和管孔擦拭干净，被粘接面应保持清洁，无尘沙和水迹。当表面沾有油污时，须用棉纱蘸丙酮等清洁剂擦净。

用油刷胶黏剂冷刷被粘接插口外侧及粘接承口内侧时，应轴向转动、动作迅速、涂抹均匀且涂刷的胶黏剂应适量，不得漏涂或涂抹过厚。冬季施工时应特别注意，要先涂承口，后涂插口。

（4）沟槽覆土。沟槽覆土应在管道隐蔽工程验收合格后进行，覆土应及时，以防管道暴露造成损失。回填土时，不得回填淤泥、砖头及含有其他杂硬物体的泥土。

管顶 150mm 范围内，必须用人工回填，严禁机械回填。若受推土机或碾压机碾压或受汽车垂直负载，管顶以上的覆土厚度应不小于 700mm。回填土的质量必须达到设计规定的密实度要求。

（5）穿缆、放缆时为避免发生缠绕，应采用放缆机放缆。牵引缆线时，可使用 3～7 根较粗的铁丝纵向穿过轴心，与（电）缆相连。

5．其他

通信管道的包封规格、段落、混凝土标号，管道的防水、防蚀、防强电干扰等防护措施，管道的埋深，以及管道与其他各种管线平行或交叉的最小净距，均应符合设计的要求。

（二）建筑物管线检查

建筑物内的管线包括水平通道和主干通道两类，配线间与工作区信息插座之间的缆线通道为水平通道；配线间与交接间、设备间、进线间之间的缆线通道为主干通道。在建筑物中，将预留在配线间内的竖井作为垂直通道。楼内管线的敷设可以为隐蔽工程和非隐蔽工程。

对综合布线系统管线工程进行检查，主要应注意管线的材质、敷设方式、弯曲半径及其利用率等问题。

六、施工过程中的注意事项

（1）施工现场督导人员以及各个工班技术负责人要认真负责，及时处理施工进程中出现的各种情况，协调处理各方意见。

（2）布线施工的技术人员更要深入理解它的传输理论，有些单位没有真正掌握综合布线系统的设计原理，简单地认为综合布线系统同传统的电话布线没有什么区别，施工起来更是马虎大意，不管系统建成后性能如何，给日后埋下了巨大隐患。

（3）如果现场施工出现不可预见的问题，应及时向工程及监理单位汇报，并协同工程监理人员或工程单位现场负责人员提出解决办法并上报工程单位立即研究解决，找出切实的解决办法，以免影响工程进度。

（4）有很多技术人员做综合布线时并没有系统地学习相关知识，只是参考了一些报刊、书籍的介绍，或是跟别人一起做过，便认为可以去做所有的综合布线工程了。这样在简单的、小规模的工程中还可以应付，但如果面对一个大型的综合布线工程就可能束手无策了。因为一个真正的综合布线工程不但需要比较全面的计算机网络和通信技术，还要有厂家强有力的支持。因此在施工中，安排人员时一定要将有丰富经验的施工员与初次接触布线工程的施工员组合在一起。

（5）对工程单位计划不周的问题，要及时妥善解决。

（6）随时出现的设计变更的施工配合问题和对工程单位新增加的点要及时在施工图中反映出来。

（7）对部分场地或工段要及时进行阶段检查验收，可采用结合监理、建设单位工程负责人成立检查小组的方式来进行阶段性检查，确保工程质量。

在具体的施工阶段中，会牵涉到多方因素，施工现场指挥人员必须具有较高素质，其临场决断能力往往取决于对设计的理解以及对布线技术规范的掌握。

工程施工是一项综合性的工作。装潢与布线同时开展，一般布线进场时间较早，应先把一些能做的事情提前做好，如墙上挖沟、打钻，管道的敷设等。为争取主动，施工单位应尽早开工，并有计划的进行施工，例如可以先选典型地方做一些试验以确定具体施工的某些方法，遇到问题尽早处理解决，一时无法解决的问题可由设计人员根据现场的施工情况进行相应的补充、修改设计方案。

七、施工结束后的注意事项

施工结束后，应进行现场清理，保持现场清洁、美观；应对墙洞、竖井等交接处进行修补；各种剩余材料应进行汇总，并将剩余材料集中放置管理，登记还可使用的数量。除此之外，还应制作总结书面材料，其主要包括：开工报告、布线工程图、施工过程报告、测试报告、使用报告以及工程验收所需的验收报告。

第二节　综合布线系统常用工具

根据用途不同，综合布线工程施工工具或设备的类型大体上包括以下几种：

（1）用于建筑施工的工具或设备。可用于在墙体、地板、天花板、金属、木材或玻璃上开不同口径、不同精细要求的孔、槽，并可用于地线工程中的挖掘、钻探等。

（2）用于空中作业的工具或设备。可用于架空缆线、放置缆线，敷设或维护缆线。

（3）用于切割成型器件的工具或设备。如金属或 PVC 敷线管材的切割工具。

（4）用于弱电施工的工具或设备。可用于电源缆线的连接、测试的工具或设备等。

（5）用于信息缆线的工具或设备。如光纤、双绞线或同轴电缆的安装、测试工具或设备等。

另外，还有各种综合测试的设备，以及用于安全施工的一些用具。

上述设备通常用于工程的不同阶段，为了工程的顺利进行，应该在不同的施工阶段做好充分的准备。下面对具体施工中常用的工具或设备进行分类介绍。

一、电工工具

在施工过程中常常需要使用电工工具。例如，各种型号的螺丝刀（一字的和十字的）、各种型号的钳子（尖嘴钳、斜嘴钳及扁嘴钳等）、各种电工刀、榔头、电工胶带、万用表、试电笔、长短卷尺、电烙铁等。

二、穿墙打孔工具

在施工过程中还经常用到穿墙打孔的工具。例如，冲击电钻、切割机、射钉枪、铆钉枪、空气压缩机、钢丝保险绳等。这些通常是体积大、质量大、价格又昂贵的设备，主要用于线槽、线轨、管道的定位和固定，以及缆线的敷设和架设。建议与专业从事建筑装饰装修的安装人员合作。

三、切割机、打磨设备、发电机、临时用电接入设备

这些设备虽然并非每次都需要，但是却需要每次都配备齐全，因为在大多数的综合布线系统施工中可能都会用到它们。特别是切割机和打磨设备，它们在许多线槽、通道的施工中是不可缺少的。

四、架空走线时的相关工具

架空走线时所需的相关工具有膨胀螺栓、水泥钉、保险绳、脚架等。这些都是高空作业时所需要的工具和附件，无论是建筑物外墙的管槽敷设，还是建筑群的缆线架空等操作，都离不开这些工具。

五、信息网络布线的专用设备

信息网络布线的专用设备可用于同轴电缆、双绞线和光纤等的连接，因此需要准备的几种工具包括：剥线钳、压线钳、打线工具和缆线测试器。通常情况下，将这些组合工具放置在一个多功能工具箱中以便于携带和检查，因为信息网络的综合布线，最终还是要落实到缆线、配线架和信息插座模块上，所以这些工具才是严格意义上的综合布线使用的缆线工具，而其他的工具和设备（如冲击电钻和切割机等）一般用于敷设管槽及架设缆线。

六、光缆施工设备

在进行光缆施工时一般需要的工具包括：光缆牵引设备、光纤剥线钳、光纤固化加热器、光纤接头压接钳、光纤切割器和光纤熔接机、光纤研磨机、组合光纤工具（其套装工具中包括 100 倍显微镜、研磨垫、研磨盘、剥线钳、压接钳、切割刀、剪刀、喷水瓶和吹气瓶等）以及各种类型、各种接头的光纤跳线等。

如果条件允许，还需带上专用的现场标注签打印机和热缩设备，用于缆线、配线架、终端信息点的标注，但是，通常只在工程的最后阶段才会用到这些专业而昂贵的设备。

用于不同类型的光纤、双绞线和同轴电缆的测试仪，既可以是单一功能的，又可以是功能完备的集成测试工具，如 Fluke 的 620、DSP—100 等网络测试仪。

双绞线和同轴电缆的测试仪器比较常见，同时价格也相对便宜；但光纤的测试仪器和设备就比较专业，且价格也较高，如果是能同时进行多种缆线测试的设备，价格就更昂贵了。

七、其他工具

最好准备 1～2 台带网络接口并预装若干网络测试软件的笔记本电脑。这些测试软件现在非常多，且涉及的面也相当广，有些只涵盖物理层测试，而有些甚至还可以用于协议分析、流量测试或服务侦听等。根据不同的项目测试要求，也可选择不同的测试平台。

在上述准备的基础上，还需要准备透明胶带、白色胶带、各种规格的不干胶标签、彩色笔、高光手电筒、捆匝带（丝）、牵引绳索、卡套和护卡等。如果架线跨度较大，还需要配置对讲机、施工警示标志等工具。当然，在实际施工中可能会有一些不同的细节，但大体上如此。

第三节 综合布线系统设备安装施工要求

一、设备安装施工的基本要求

（1）综合布线系统工程中采用的机架和设备，其品种、型号、规格和数量均应按设计文件规定进行配置。

（2）机架、设备的安装位置和朝向均应按设计要求布置，并与实际测定后的机房平面布置图相符。

（3）在安装施工前，如发现外包装不完整或设备外观存在严重缺陷，或者主要零配件不符合要求，应做详细记录。只有在确认整机完好，主要零配件齐全等前提下，才能开始安装设备和机架。

（4）安装施工前，必须熟悉掌握国内外生产厂家提供的产品使用说明和安装施工资料，了解其设备特点和施工要点，以保证设备安装工程质量。

二、对机架设备安装的具体要求

（1）机架和设备上的各种零件不应损坏或缺少，设备内部不应留有线头等杂物，表面漆面如有损坏或脱落，应及时补漆，其颜色应与原来漆色协调一致。各种标志应统一、完整、清晰、醒目。

（2）机架和设备安装的位置应符合设计要求，其水平度和垂直度都必须符合生产厂家的规定，当厂家无规定时，要求机架和设备与地面垂直，其前后左右的垂直偏差均应不大于 3mm。

（3）安装机架和设备必须牢固可靠。在有抗震要求时，应按照设计规定或施工图中的防震措施要求进行抗震加固。各种螺钉必须拧紧，无松动、缺失、损坏或锈蚀等缺陷，机架更不应产生摇晃现象。

（4）为便于施工人员和维护人员操作，机架和设备前应预留不小于 1500mm 的空间，机架和设备的背面与墙面之间的距离应大于 800mm，以便人员施工、维护和通行。相邻机架设备应靠近，同列机架和设备的机面应排列平齐。

（5）建筑物配线架或建筑群配线架采用双面配线架的落地安装方式时，应符合下列规定。

1）跳线环等装置应牢固，其位置上下、横竖、前后均应整齐平直一致。

2）当缆线从配线架下面引入时，配线架的底座位置应与电缆的上线孔相对应，以便缆线能够平直引入配线架。

3）各个直列上下两端垂直倾斜误差应不大于 3mm，底座水平误差每平方米应不大于 2mm。

4）接线端子应按电缆用途划分连接区域，以方便连接，且应设置各种标志，以示区别，有利于管理和维护。

（6）当建筑物配线架或建筑群配线架采用单面配线架的墙上安装方式时，要求墙壁必须坚固牢靠，能承受机架重量，其机架或机柜底与地面距离宜为 300～800mm，或根据具体情况而定。其接线端子应按电缆用途划分连接区域，以方便连接，而且应设置标志，以示区别。

（7）设备、机架、金属钢管和槽道的接地装置应符合设计、施工及验收规范规定的要求，并保持良好的电气连接。所有与地线连接处应使用接地垫圈，垫圈尖角应面对铁件，刺破其涂层。只允许一次装好，不得将已装过的垫圈取下重复使用，以保证接地回路的畅通。

（8）在新建的智能建筑中，综合布线系统应采用暗配线敷设方式，所使用的配线设备（包括所有配线接续设备）也应采用暗配线敷设方式，埋装于墙壁内。因此，在建筑设计中应根据综合布线系统的要求，在规定装设设备的位置处预留墙洞，并预先将设备箱体埋置于墙内，内部连接硬件和面板在综合布线系统工程施工中安装，以免损坏连接硬件和面板。箱体的底部与地面距离宜为 500～1000mm。在已建的建筑物中，因无暗铺管道，配线设备等接续设备均应采用明铺方式，以减少凿打墙洞的工作量，并避免影响建筑物的结构强度。

三、对连接硬件和信息插座安装的具体要求

（1）综合布线系统中所使用的连接硬件和信息插座均为重要的零部件，其安装质量的优劣直接影响了连接质量的好坏，也必然决定了传输信息的质量。因此，在安装施工中必须规范操作。

（2）缆线与接线模块连接时，根据工艺要求，按标准剥除缆线的外护套长度，若为屏蔽电缆，则应将屏蔽层 360°连接妥当，不应中断，利用接线工具将线对与接线模块卡接，同时切除多余导线线头，并将其清理干净，以免发生线路障碍而影响通信质量。

（3）接线模块等连接硬件的规格、型号和数量，都必须与设备配套使用。根据用户需要配置，做到连接硬件安装正确，缆线连接区域划界分明，标志正确、完整、清晰、齐全和醒目，便于维护管理。

（4）接线模块等连接硬件要求安装牢固稳定，无松动现象，设备表面的面板应保持在一个水平面上，做到整齐美观。

四、机架和机柜的安装要求

（1）机架与机柜的安装垂直偏差度应不大于 3mm，组成的各种零件应齐全，如有损伤、脱漆部位，应予修补。

（2）根据其尺寸的大小可以用螺栓固定在地面或墙上。

（3）机架（柜）直接安装在地面上，固定用螺栓应紧固，但不能直接固定在活动地板的板块上。

机柜（架）在形成列架时，顶部安装应采取由上架、立柱、连固铁、列间撑铁、旁侧撑铁和斜撑组成的加固连接网。构件之间应按照有关规定连接牢固，使之成为一个整体。对于 8 度以及 8 度以上的抗震设防，必须用抗震夹板或螺栓加固。

机柜（架）的底部应为地面加固。对于 8 度以上（含 8 度）的抗震设防，加固所用的膨胀螺栓等加固件应加固在垫层下的混凝土楼板上。

当采用活动地板时，在活动地板内可预先设置抗震底座，以加固机柜（架）。

（4）机架（柜）采用直径 4mm 的铜线连接到接地端，并满足接地电阻的要求。

五、模块安装的检查

（1）所有模块（包括 IDC 及 RJ45 模块、光纤模块）支架、底板、理线架等部件应紧固于机柜或机箱内，如直接安装在墙体上时，应固定在胶合板上，并要符合设计要求。

（2）各种模块的彩色标签的内容建议如下。

1）绿色——外部网络的接口侧，如公用网电话线、中继线等。

2）紫色——内部网络主设备侧。

3）白色——建筑物主干电缆或建筑群主干电缆侧。

4）蓝色——水平电缆侧。

5）灰色——配线间至二级交接间之间的连接主干光缆侧。

6）橙色——多路复用器侧。

7）黄色——交换机其他各种引出线。

（3）所有模块应有 4 个孔位的固定点。

（4）连接外线电缆的 IDC 模块必须具有加装过电压、过电流保护器的功能。

（5）信息插座盒体包括单口或双口信息插座盒、多用户信息插座盒（12 口）等，具体的安装位置、高度应符合设计要求。盒体可采用膨胀螺栓进行固定。

第四节　电缆传输通道施工

一、电缆传输通道的施工要求

（1）为了顺利进行施工，在敷设电缆前，应在施工现场对设计文件和施工图纸进行核对，尤其是对主干路由中所采用的缆线型号、规格、程式、数量、起讫段落及安装位置要重点复核，如有疑问应尽早与设计单位和主管建设部门协商解决，以免影响施工进度。

（2）在敷设缆线前，根据施工图纸要求、施工组织计划和工程现场条件等，将需要布放的缆线整理妥善，在其两端应贴有显著的标签。标签内容包括缆线的用途、名称（可用代号代替）、型号、规格、长度、起始端和终端地点等，标签上的字迹应清晰、端正和正确，以便按施工顺序、对号入座进行敷设施工。

（3）为了减少缆线承受的拉力和避免在牵引过程中产生扭绞现象，在布放缆线前，应制作操作方便、结构简单的合格牵引端头和连接装置。由于建筑物主干布线子系统的主干缆线的长度一般为几十米，应以人工牵引方式为主。如果高层建筑的楼层较多，且缆线对数较大而需采用机械牵引方式时，应根据牵引缆线的长度、施工现场的环境条件和缆线允许的牵引张力等因素，选用集中牵引或分散牵引的方式，也可采用两者相结合的牵引方式，即除在一端采取集中机械牵引外，还在中间楼层设置专人进行人工拉放帮助牵引，使缆线受力分散，既不损伤缆线又可加快施工进度。但采用此种方式时，必须统一指挥，加强联络，同步牵拉，且注意不要猛拉紧拽。

（4）为了保证缆线本身不受损伤，在敷设缆线时，布放缆线的牵引力不宜过大，应小于缆线允许张力的 80%。如敷设水平双绞线电缆，4 对双绞线电缆导线直径为 0.5mm 时，牵引力拉力应不超过 100N，n 根 4 对双绞线电缆，拉力应不超过（$n \times 50 + 50$）N，但无论多少根线对电缆，最大拉力均不能超过 400N，速度不宜超过 15m/min；导线直径为 0.4mm 时的牵引拉力应不超过 70N。

（5）电缆的弯曲半径应符合下列规定。

1）非屏蔽 4 对双绞线电缆的弯曲半径应至少为电缆外径的4 倍，在施工过程中应至少为 8 倍。

2）屏蔽双绞线电缆的弯曲半径应至少为电缆外径的 6～10 倍。

3）干线双绞线电缆的弯曲半径应至少为电缆外径的 10 倍。

4）水平双绞线电缆一般有总屏蔽（缆芯屏蔽）和线对屏蔽

两种方式。干线双绞线电缆只采用总屏蔽方式。屏蔽方式不同，电缆的结构也不一样。所以，在敷设屏蔽电缆时，应根据屏蔽方式选择 6～10 倍于电缆外径的弯曲半径。

（6）在牵引过程中，应均匀设置吊挂或支承缆线的支点，支点之间的间距不应大于 1.5m，以防止缆线被拖、蹭、刮、磨等产生损伤。

（7）布放缆线应有冗余。在配线间、设备间，双绞线电缆的预留长度一般为 3～6m，工作区为 0.3～0.6m。有特殊要求的应按设计要求预留长度。

（8）布放的缆线应平直，不得产生扭绞、打圈等现象，不应受到外力挤压和损伤。

（9）在智能建筑内，如果通信系统、计算机系统、楼宇设备自控系统、电视监控系统、广播与卫星电视系统和火灾报警系统等信号、控制及电源缆线在同一路由上敷设时，应采用金属线槽，按系统分离布放，金属线槽应有可靠的接地装置。各个系统缆线间的最小间距及接地装置都应符合设计要求，并在施工时进行统一安排，互相配合敷设。

（10）在建筑物主干布线子系统的缆线敷设时，需要相应的支承固定件和保护措施。由于它对主干缆线的安全运行起着保证作用，因此在智能建筑内的电缆竖井和上升房中设有暗敷管路、槽道（包括桥架）等装置，以便敷设主干缆线。

二、电缆布线技术

（一）路由选择技术

两点间最短的距离是直线，但对于布放缆线来说，它不一定就是最好、最佳的路由。在选择最容易布线的路由时，要考虑其便于施工和操作，即使花费更多的缆线也要这样做。选择路由时，应考虑以下几点：

1. 了解建筑物的结构

对布线施工人员来说，需要彻底了解建筑物的结构，由于大多数缆线是走地板下或天花板内的，因此对地板和吊顶内的情况了解得要十分清楚。也就是说，要准确地知道什么地方能布线，什么地方不易布线并向用户方说明。

现在绝大多数的建筑物设计是规范的，并为强电和弱电布线分别设计了通道，利用这种环境时，也必须了解走线的路由，并用粉笔在走线的地方做出标记。

2. 检查拉（牵引）线

在一个现存的建筑物中安装任何类型的缆线之前，必须检查有无拉线。拉线是一种细绳，它沿着要布缆线的路由（管道）安放，长度等于路由的全长。绝大多数的管道安装者均要给后继的安装者留下一条拉线，以使布放缆线容易进行，如果没有拉线，则要考虑穿接线问题。

3. 确定现有缆线的位置

如果布线的环境是一座旧建筑物，则必须了解旧缆线是如何布放的，用的是什么管道（如果有的话），这些管道是如何走的。了解这些，有助于为新的缆线建立路由。在某些情况下能使用原来的路由。

4. 提供缆线支撑

根据安装情况和缆线的长度，要考虑使用托架或吊杆槽，并根据实际情况决定托架吊杆，使其加在结构上的质量不至于超重。

5. 拉线速度的考虑

从理论上讲，线的直径越小，则所拉缆线的速度越快。但是，有经验的安装者通常采取慢速而又平稳的拉线，而不是快速的拉线。其原因是：快速拉线会造成线的缠绕或被绊住。

6. 最大拉力

拉力过大会造成缆线变形，引起缆线传输性能下降。

（二）线槽敷设技术

在布线路由确定以后，应首先考虑线槽敷设。线槽从使用材料上可分为金属槽、管、塑料（PVC）管；从布槽范围来说可分为工作间线槽、水平干线线槽和垂直干线线槽。使用时选择的材料种类要根据用户的需求、投资来确定。

1. 金属管的敷设

（1）金属管的加工要求。综合布线系统工程使用的金属管应符合设计文件的规定，表面不应有穿孔、裂缝和明显的凹凸不平，内壁应光滑，不允许有锈蚀。在易受机械损伤的地方和在受力较大处直埋时，应采用足够强度的管材。金属管的加工应符合以下要求：

1）为了防止在穿电缆时划伤电缆，管口应无毛刺和尖锐棱角。

2）为了减小直埋管在沉陷时管口处对电缆的剪切力，金属管口宜做成喇叭形。

3）金属管在弯制后，不应有裂缝和明显的凹瘪现象。弯曲程度过大，将减小金属管的有效管径，使穿设电缆产生困难。

4）金属管的弯曲半径应不小于所穿入电缆的最小允许弯曲半径。

5）镀锌管锌层剥落处应涂防腐漆，可延长使用寿命。

（2）金属管切割及连接。在配管时，应根据实际需要长度对管子进行切割。管子的切割可使用钢锯、管子切割刀或电动机切管机，严禁用气割。管子和管子的连接、管子和接线盒、配线箱的连接，均需要在管子端部加工螺纹。加工螺纹时，可用管子绞板（俗称代丝）或电动套丝机，硬塑料管攻螺纹可用圆丝板。攻螺纹完成后，应随时清扫管口，并用锉刀将管口端面和内壁的毛刺锉光，使管口保持光滑，以免割破缆线绝缘护套。

（3）金属管弯曲。在敷设金属管时应尽量减少弯头。每根金属管的弯头应不超过3个，直角弯头应不超过2个，并不应出现S弯。弯头过多，将造成穿电缆困难。对于较大截面积的电缆不允许有弯头。当实际施工中不能满足要求时，可采用内径较大的管子或在适当部位设置拉线盒，以利于缆线的穿设。

2. 金属槽的敷设

（1）线槽安装要求。安装线槽应在土建工程基本结束以后，与其他管道（如风管、给排水管）同步进行，也可比其他管道稍迟一段时间安装。但应尽量避免在装饰工程结束以后进行安装，那样将造成敷设缆线的困难。安装线槽应符合以下要求：

1）线槽安装位置应符合施工图样规定，左右偏差视环境而定，最大应不超过 50mm。

2）线槽水平度每米偏差应不超过 2mm。

3）垂直线槽应与地面保持垂直，并无倾斜现象，垂直度偏差应不超过 3mm。

4）线槽节与节间用接头连接板拼接，螺钉应拧紧。两线槽拼接处水平偏差应不超过 2mm。

5）当直线段桥架超过 30m 或跨越建筑物时，应有伸缩缝。其连接宜采用伸缩连接板。

6）线槽转弯半径应不小于其槽内的缆线最小允许弯曲半径的最大者。

7）盖板应紧固，并且要错位盖槽板。

8）支吊架应保持垂直、整齐牢固，无歪斜现象。

为了防止电磁干扰，宜用辫式铜带将线槽连接至其经过的设备间，或楼层配线间的接地装置上，并保持良好的电气连接。

（2）水平子系统缆线敷设支撑保护要求。

1）预埋金属线槽支撑保护要求：在建筑物中预埋的线槽可采用不同的尺寸。每层楼应至少预埋两根以上，线槽截面高度不宜超过 25mm。线槽直埋长度超过 15m 或在线槽路由交叉、转弯时宜设置拉线盒，以便布放缆线和维护。接线盒盖应能开启，并与地面齐平，盒盖处应采取防水措施。宜采用金属引入分线盒。

2）设置线槽支撑保护要求：水平敷设时，支撑间距一般为 1.5～2m，垂直敷设时固定在建筑物构体上的间距宜小于 2m。

3）在活动地板下敷设缆线时，活动地板内净空应不小于 150mm。如果活动地板内作为通风系统的风道使用时，地板内净高应不小于 300mm。

4）采用公用立柱作为吊顶支撑柱时，可在立柱中布放缆线。立柱支撑点宜避开沟槽和线槽位置，支撑应牢固。

5）在工作区的信息点位置和缆线敷设方式未定的情况下，或在工作区采用地毯下布放缆线时，在工作区宜设置交接箱，每个交接箱的服务面积约为 $80cm^2$。

6）不同种类的缆线布放在金属线槽内，应同槽分室（用金属板隔开）布放。

7）采用格形楼板和沟槽相结合时，敷设缆线支槽保护要求：沟槽和格形线槽必须沟通。沟槽盖板可开启，并与地面齐平，盖板和信息插座出口处应采取防水措施。沟槽的宽度宜小于 600mm。

（3）干线子系统的缆线敷设支撑保护要求。

1）缆线不得布放于电梯或管道竖井中。

2）干线通道间应沟通。

3）弱电间中，缆线穿过每层楼板孔洞宜为方形或圆形。长方形孔尺寸不宜小于 300mm×100mm，圆形孔洞处应至少安装三根圆形钢管，管径不宜小于 100mm。

3. 塑料槽的敷设

塑料槽的敷设从原理上讲与金属槽类似，但操作上还是有所不同的。具体表现为以下 3 种方式：

（1）在天花板吊顶打吊杆或托式桥架。

（2）在天花板吊顶外采用托架桥架敷设。

（3）在天花板吊顶外采用托架加配定槽敷设。

（三）缆线牵引技术

用一条拉线将缆线牵引穿入墙壁管道、吊顶和地板管道称为缆线牵引。在施工中，应使拉线和缆线的连接点尽量平滑，所以要使用电工胶带在连接点外面紧紧缠绕，以保证平滑和牢靠，所用的方法取决于要完成作业的类型、缆线的质量、布线路由的难度，还与管道中要穿过的缆线数目有关，在已有缆线的拥挤管道中穿线要比空管道难。

1. 牵引少量 5 类缆线

（1）少量的缆线很轻，只要将它们对齐。在 80mm 的裸线拨开塑料绝缘层，将铜导线平均分成两股，如图 4-1 所示。

拨开塑料绝缘层
将导线分成两股

图 4-1 留出裸线

（2）把两股铜导线相互打圈结牢，如图 4-2 所示。

两股导线相互打圈结牢

图 4-2 编织导线相互打圈

（3）将拉线穿过已经打结的圈子后自打活结（使越拉越紧），如图 4-3 所示。

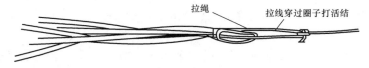

拉绳

拉线穿过圈子打活结

图 4-3 固定拉绳

（4）用电工胶布紧紧地缠在绞好的接头上，扎紧使得导线不露出，并将胶布末端夹入缆线中，如图 4-4 所示。

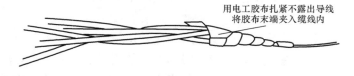

用电工胶布扎紧不露出导线
将胶布末端夹入缆线内

图 4-4 用电工带包裹接头

2. 牵引多对线数电缆

用一种称为芯套/钩的连接，这种连接是非常牢固的，它能用于"几百对"的电缆上，具体执行过程如下：

（1）剥除约 30cm 的电缆护套，包括导线上的绝缘层。

（2）使用斜口钳将线切去，留下约 12 根（一打）。

（3）将导线分为两个绞线组，如图 4-5 所示。

（4）将两组绞线交叉的穿过拉绳的环，在电缆的一边建立一个闭环，如图 4-6 所示。

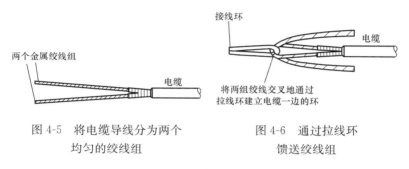

图 4-5　将电缆导线分为两个
均匀的绞线组

图 4-6　通过拉线环
馈送绞线组

（5）将电缆一端的线缠绕在一起，使其环封闭，如图 4-7 所示。

（6）用电工带紧紧地缠绕在电缆周围，覆盖长度约为环直径的 3～4 倍，然后继续再缠绕一段，如图 4-8 所示。

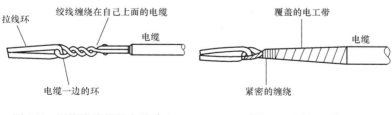

图 4-7　用绞线缠绕的方法建立
的芯套/钩来关闭电缆环

图 4-8　用电工带
紧密缠绕

某些较重的电缆上可装一个牵引眼，在电缆上制作一个环，使拉绳固定在它上面。对于没有牵引眼的电缆，可使用一个分离的电缆夹，如图 4-9 所示。将夹子分开缠到电缆上，在分离部分的每一半上有一个牵引眼。当吊缆已经缠在电缆上时，可同时牵引两个牵引眼，使夹子紧紧地保持在电缆上，用这种方法可以较好地保护电缆的封头。

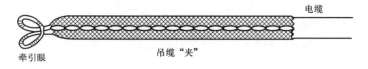

电缆

牵引眼　　　　　　　　　　　吊缆"夹"

图 4-9　牵引电缆所使用的分离吊缆夹

三、电缆布线施工方法

（一）建筑物主干线电缆布线施工

主干缆线是建筑物的主要缆线，为设备间到每层楼管理间之间的信号传输提供通路。在电缆孔、管道、电缆竖井等三种方式中，干线子系统垂直通道宜采用电缆孔方式，水平通道常选择管道方式或电缆桥架方式。

在新的建筑物中，通常设有竖井通道。在竖井中铺设主干电缆一般有向下垂放电缆和向上牵引电缆两种方式，相比较而言，向下垂放比向上牵引容易。

1. 向下垂放缆线

向下垂放缆线的一般步骤是：

（1）把缆线卷轴放置于最顶层。

（2）在离房子的开口（孔洞口）3～4m 处安装缆线卷轴，并从卷轴顶部放出馈线。

（3）在缆线卷轴处安排所需的布线施工人员（数目视卷轴尺寸及缆线质量而定），每层都要有一个工人以便引导下垂的缆线。

（4）开始旋转卷轴，将缆线从卷轴上拉出。

（5）将拉出的缆线引入竖井中的孔洞。在此之前应先在孔洞中安置一个塑料的套状保护物，如图 4-10 所示，以防止孔洞不光滑的边缘将缆线外皮擦破。

（6）慢慢地从卷轴上放下缆线并进入孔洞向下垂放，切忌快速放下缆线。

（7）继续放线，直到下一层布线工人员能将缆线引入下一个孔洞。

（8）按前面的步骤继续慢慢地放下缆线，并将缆线引入各层的孔洞。

（9）如果要经由一个大孔铺设垂直主干缆线，就无法使用塑料保护套，此时宜通过一个滑轮车来下垂布线，为此需要做以下操作：

1）在孔的中心处安装一个滑轮车，如图 4-11 所示。

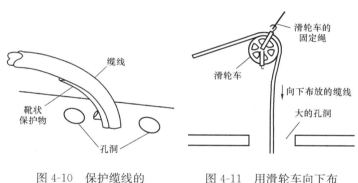

图 4-10 保护缆线的
塑料靴状物

图 4-11 用滑轮车向下布
放缆线通过大孔

2）将缆线拉出绕在滑车轮上。

3）按前面所介绍的方法牵引缆线穿过每层的孔；当缆线到达目的地时，将每层上的缆线绕成卷放在架子上固定，等待以后的端接。

在布线时，若缆线要越过的弯曲半径小于允许的值，例如双绞线弯曲半径为 8～10 倍于缆线的直径，光缆为 20～30 倍于缆线的直径，可以将缆线放在滑车轮上以解决缆线的弯曲问题，方法如图 4-12 所示。

图 4-12 用滑轮车解决缆线
的弯曲半径

2. 向上牵引缆线

如果布放的缆线较少，可采用人工向上牵引的方法。若布放的缆线较多，则可采用电动牵引绞车向上牵引的方法。

（1）按照缆线的质量，选定绞车型号，并按厂家的说明书进行操作。

（2）启动绞车，并向下垂放一条拉绳（确认此拉绳的强度足够用于牵引缆线），拉绳向下垂放直至放置缆线的底层。

（3）如果缆线上有一个拉眼，则将绳子连接到此拉眼上。

（4）启动绞车，慢慢地将缆线通过各层的孔向上牵引。

（5）缆线的末端到达顶层时，停止绞车。

（6）在地板孔边沿上用夹具将缆线固定。

（7）当所有连接制作好之后，从绞车上释放缆线的末端。

（二）建筑群内水平布线施工

水平布线具有面广、量大，具体情况较多且环境复杂等特点，其遍布于智能建筑中的所有角落。水平布线可借助的建筑设施包括：管道、天花板、开放空间、活动地板、周边铺缆管、墙壁线槽或线管等。

在决定采用何种方法之前，可到施工现场进行比较，从中选择一种最佳的施工方案。在布放多条缆线时，应尽量一次布放更多的缆线。

1. 管道布线

管道布线是在浇筑混凝土时已将管道预埋在地板中，管道内预先穿放着牵引电缆的钢丝或铁丝。施工时只需通过管道图纸了解地板管道就可做出施工方案。对于没有预埋管道的新建筑物，布线施工可与建筑物装潢同时进行，这样便于布线而不影响建筑物的美观。

对于旧的建筑物或没有预埋管道的新建筑物，设计施工人员应向业主索取建筑物的图纸，并到布线建筑物现场查清建筑物内电、水、气管路的布局和走向，然后详细绘制布线图纸，确定布线施工方案。

水平子系统电缆宜穿钢管或沿金属桥架敷设，并应选择最便捷的路径。

管道一般从配线间埋至信息插座安装孔。安装人员只需将4对线电缆固定于信息插座的拉线端，从管道的另一端牵引拉线就可将缆线送达配线间。

当缆线在吊顶内布放完成后，还要通过墙壁或墙柱的管道将缆线向下引至信息插座安装孔内。用胶带将双绞线缠绕成紧密的一组，将其末端送入预埋在墙壁中的 PVC 圆管内并把它向下压，直到在插座孔处露出 25～30mm 即可，也可以用拉线牵引。

2. 天花板顶内布线

水平布线最常用的方法是在天花板吊顶内布线，具体施工步骤如下：

（1）索取施工图纸，确定布线路由。

（2）沿着所设计的路由即在电缆桥架槽体下方打开吊顶，用双手推开每块镶板，如图 4-13 所示。

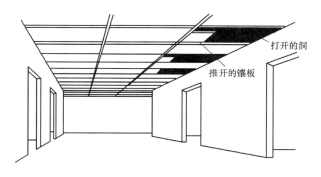

图 4-13　移动镶板的悬挂式天花板

（3）为了减轻多条 4 对线电缆的重量，减轻在吊顶上的压力，可使用 J 形钩、吊索及其他支撑物来支撑缆线。

（4）假设要布放 24 条 4 对线电缆，每个信息插座安装孔要放两条缆线，可将缆线箱放在一起并使缆线出线口朝上，24 个缆线箱按图 4-14 所示方式分组安装，每组有 6 个缆线箱，共有 4 组。

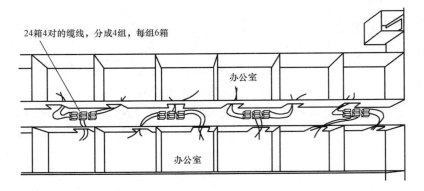

图 4-14　共布 24 条 4 对线电缆，每一信息点布放二条 4 对的缆线

（5）在箱上以及缆线的末端注上标号。

（6）从离管理间最远的一端开始，拉到管理间。

3. 地板下布线方式

水平子系统电缆在地板下的安装方式应根据环境条件选用地下桥架布线法、蜂窝状地板布线法、高架（活动）地板布线法以及地板下管线布线法等四种安装方式。

4. 墙壁线槽布线

在墙壁上的布线槽布线一般应遵循以下步骤：

（1）确定布线路由。

（2）沿着路由方向放线讲究直线美观。

（3）线槽每隔 1m 要安装固定螺钉。

（4）布线时线槽容量为 70％。

（5）盖塑料槽盖应错位盖好。

5. 布线中墙壁线管及缆线的固定方法

（1）钢钉线卡。塑料钢钉电线卡简称钢钉线卡，用于明敷电线、护套线、电话线、闭路电视线及双绞线。钢钉线卡外形如图 4-15 所示。在敷设缆线时，用塑料卡卡住缆线，用锤子将水泥钉钉入建筑物即可。管线或电缆水平敷设时，钉子要钉在水平管线的下边，让钉子可承受电缆的部分重力。垂直敷设时钉子要均匀地钉在管线的两边，这样可起到夹住电缆的定位作用。

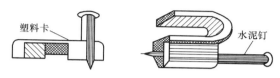

图 4-15　钢钉线卡

（2）尼龙扎带。适合综合布线工程中使用的尼龙扎带具有防火、耐酸、耐腐蚀、绝缘性良好、耐久和不易老化等特点，使用时只需将带身轻轻穿过带孔一拉，即可牢牢扣住线把。扎带使用时也可用专门工具。它使得扎带的安装使用极为简单省力。使用扎带时要注意不要勒得太紧，以免造成电缆内部参数的改变。

（3）线扣。线扣用于将扎带或缆线等进行固定，可分为粘贴型线扣和非粘贴型线扣两种。

（三）建筑群间电缆布线施工

在建筑物之间敷设缆线，一般有管道、架空、掩埋三种方式。综合布线中通常采用地下管道敷设和架空敷设。

1. 管道敷设缆线

在管道中敷设缆线时，可分为 3 种情况：小孔到小孔敷设、在人孔之间直线敷设和沿着转弯处敷设。具体敷设时，要考察管道中有没有其他缆线，管道中有多少拐弯，缆线有多粗和多重。一般可采用人力或机器来敷设缆线。首先尝试用人力牵引缆线，如果人力牵引不动或很费力，再改用机器牵引缆线。

（1）小孔到小孔。小孔到小孔牵引是指直接将缆线牵引通过管道（这里没有人孔），即通过小孔在一个地方进入地下管道，再经由小孔从另一个地方出来。

在保证管道中已置入拉绳的情况下，为缆线制作合适牵引端头，并在管道的入口处将其连接至拉绳上馈入管道，在管道的另一端采用人力或机器牵引拉绳，匀速而平稳的将缆线牵引通过管道。

（2）人孔到人孔。这种牵引缆线的过程基本上与小孔到小孔的相似。人孔可能较深或较窄，因此在具体牵引时要采用一些辅助部件。为了保证管道边缘是平滑的，要安装一个引导装置（如塑料的靴状保护物），以防止在牵引缆线时管道孔边缘划破缆线保护层。

一个人在馈缆线人孔处放缆，其他人在另一端的人孔处采用人力或机器牵引拉绳，将缆线牵引至管道中。通过多个人孔牵引缆线的过程与牵引缆线从人孔到人孔的方法相似，只是在每一个人孔中要提供足够的松弛缆线并用夹具或其他硬件将其挂在墙上。不上架的多余缆线应割下，留出一定的空间，以便施工人员将来完成连接作业。

（3）转弯管道。对于具有拐弯的管道，为防止损坏缆线，可使用的牵引方法是：假设缆线从一个人孔到另一个人孔直线布线，然后转 90°的弯进入一个建筑物。

首先，将要敷设的缆线放在第一个人孔处，借助拉绳通过第一个人孔将缆线牵引至第二个人孔，在第二个人孔处牵引出足够长的缆线（长度要求能转弯到达建筑物，并考虑预留）。然后，在第二个人孔处将牵引出的缆线连接到通往建筑物的拉绳上，将缆线馈入人孔的管道中，并通过此管道牵引进入建筑物。

2. 架空敷设缆线

如果建筑群的距离较近，又有现成的电线杆，且电线杆之间的距离小于 30m，则可利用电线杆架空敷设缆线。

架空布放的缆线有自支持的或不自支持的两种类型。对于后者，要将其固定到一根钢丝绳上去（此钢丝绳横跨在两个建筑物或两个电线杆之间）。根据缆线的质量选择钢丝绳，一般选 8 芯钢丝绳。首先将钢丝绳固定在电线杆和建筑物上，再用链吊升器和钢丝绳牵引机将它拉紧，然后将缆线固定在钢丝绳上。

（1）安装钢丝绳。

1）将钢绳卷轴放在电线杆附近。

2）将钢丝绳拉出至远端的电线杆或建筑物处。

3）在电线杆或建筑物的适当位置固定一条吊索。

4）安装钢绳牵引器和链吊升器（其一端钩在吊索上，另一端接到牵引器上）。

5）在链吊升器上牵引钢丝绳，将钢丝绳系紧并拉直。

6）当钢丝绳拉紧后，安装钢丝绳缆夹。

7）断开并撤去吊索、链吊升器及牵引器。

（2）安装缆线。

1）将手绳牢固地系在缆线的一端（或孔眼上）。

2）将手绳穿过缆线导杆。

3）打开导杆并把它安置在钢丝绳上，将绳头在牵引方向上拉出。

4）通过斜槽拉手绳，让缆线进入空中并通过斜槽。

5）一个人将缆线引到位，将捆绑器放在斜槽、钢绳和缆线后方的几米处。

6）拉出 1.2m 缆线以便于捆绑，用缆线绑夹将缆线捆在钢绳上。

7）同时牵引缆线导杆及捆绑器，另一个人拉一条牵引线，缓慢地、稳定地拉缆线。

注意：在未完成之前不能停止工作。

（四）屏蔽布线系统的安装

一个完整的屏蔽系统要求处处屏蔽，是一个连续的、完整的屏蔽路径，才能达到用户预期的效果。因此，如果选择采用屏蔽系统，那么除了电缆外，模块、配线架等连接件都需要使用屏蔽的，同时再铺以金属桥架和管道。静电屏蔽的原理是在屏蔽罩接地后干扰电流经屏蔽外层流入大地，因此屏蔽层的妥善接地十分重要，否则不但不能减少干扰，反而会引入更多的干扰。端接时应尽量减少屏蔽层中接地线的剥开长度，因为剥开长度越短，引起的电感就越少，接地效果也越好，现场接地时，建议采用单点接地的方法，避免多点接地引起的电压回路干扰。

另外，针对屏蔽系统的特殊性，在处理屏蔽层的连接时需特别注意：按照标准的要求，屏蔽布线系统的屏蔽层接地连接应在电信间的配线架处进行，即电缆的屏蔽层通过配线架和机架的连接以及机架与接地端子的连接实现接地。同时还要保证电缆的屏蔽层在360°的范围均与模块或配线架的屏蔽层有良好的连接，而不仅仅是在某些点上实现连接，在整个链路上需要保持屏蔽层的完整性，屏蔽层不能在链路中间出现断裂。

四、缆线终端和连接

（一）配线接续设备的安装施工

要求缆线在设备内的路径合理，布置整齐，缆线的曲率半径应符合规定，捆扎牢固，松紧适宜，不会使缆线产生应力而损坏护套。

缆线处理：剥开 PVC 缆线，在保护外衣上切缝，如图 4-16 所示。拉扯绳以除去保护外衣，如图 4-17 所示。将保护外衣除去，如图 4-18 所示。除去绝缘层保护外衣，如图 4-19 所示。

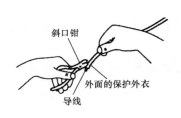

图 4-16　在保护外衣上切缝

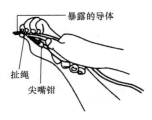

图 4-17　拉扯绳以除去保护外衣

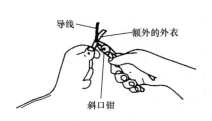

图 4-18　将保护外衣除去

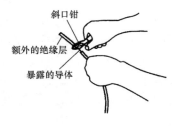

图 4-19　除去绝缘层保护外衣

（1）终端和连接顺序的施工操作方法均按标准规定办理，包括剥除外护套长度、缆线扭绞状态都应符合技术要求。

（2）缆线终端方法应采用卡接方式，施工中不宜用力过猛，避免造成接续模块受损。连接顺序应按缆线的统一色标排列，在模块中连接后的多余线头必须清除干净，以免留有后患。

（3）缆线终端连接后，应对缆线和配线接续设备等进行全程测试，以保证综合布线系统正常运行。

（4）线对屏蔽和电缆护套屏蔽层在和模块的屏蔽罩进行连接时，应保证360°的接触，而且接触长度应不小于10mm，以保证屏蔽层的导通性能。电缆终接以后应将电缆进行整理，并核对接线是否正确。

（二）通信引出端（信息插座）和其他附件的安装施工

（1）对通信引出端内部连接件进行检查，做好固定线的连接，以保证电气连接的完整牢靠。如连接不当，则有可能增加链路衰减和近端串扰。

（2）在终端连接时，应按缆线统一色标、线对组合和排列顺序施工连接（应符合GB 50312—2007《综合布线系统工程验收规范》的规定）。

（3）如采用屏蔽电缆时，要求电缆屏蔽层与连接部件终端处的屏蔽罩有稳妥可靠的接触，必须形成360°圆周的接触界面，它们之间的接触长度不宜小于10mm。

（4）各种缆线（包括跳线）和接插件间必须接触良好、连接正确、标志清楚。跳线选用的类型和品种均应符合系统设计要求。

（三）双绞线与RJ45水晶头的连接

RJ45水晶头的连接可分为568A与568B两种方式，无论采用哪种方式，必须与信息模块采用的方式相同。以568B为例，RJ45插头与双绞线的连接步骤如下：

（1）将双绞线电缆绝缘套管自端头剥掉大约20mm，露出4对线。

（2）定位缆线，使它们的顺序号是 1&2、3&6、4&5、7&8，如图 4-20 所示。为防止插头弯曲时对套管内的线对造成损伤，导线应并排排列在套管内至少 8mm 长，形成一个平整部分，平整部分之后的交叉部分呈椭圆形状态。

（3）为绝缘导线解扭，使其按正确的顺序平行排列，导线 6 跨过导线 4 和 5。在套管里不应有未扭绞的导线。

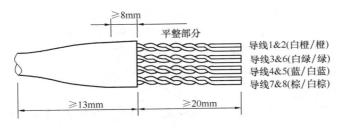

图 4-20 RJ45 连接剥线示意图

（4）导线经修整后（导线端面应平整，避免毛刺影响性能），距套管的长度约 14mm，从线头（如图 4-21 所示）开始，至少在（10±1）mm 之内导线之间不应有交叉，导线 6 应在距套管 4mm 之内跨过导线 4 和 5。

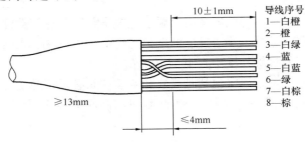

图 4-21 双绞线排列方式和必要的长度

（5）将导线插入 RJ45 水晶头，导线在 RJ45 头部能够见到铜芯，套管内的平坦部分应从插塞后端延伸直至初张力消失（如图 4-22 所示），套管伸出插塞后端至少 6mm。

（6）用 RJ45 压线钳压实 RJ45 水晶头。

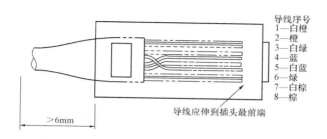

导线序号
1—白橙
2—橙
3—白绿
4—蓝
5—白蓝
6—绿
7—白棕
8—棕

导线应伸到插头最前端

>6mm

图 4-22　RJ45 压线的要求

五、信息插座端接

（一）信息插座的安装

综合布线系统的信息插座均采用 8 位模块式通用插座，以形式区分，可分单插座、双插座和多用户信息插座等。它们的安装位置应符合工程设计的要求，既有安装在墙上的，也有埋于地板上的，安装施工方法应区别对待。

安装在地面上或活动地板上的地面信息插座由接线盒体和插座面板两部分组成。插座面板分为直立式（面板与地面成 45°，可以倒下成平面）和水平式等几种。缆线连接固定于接线盒体内的装置上，接线盒体均埋置于地面下，其盒盖面与地面平齐，可以开启，但必须严密防水、防尘和抗压。在不使用时，插座面板与地面齐平，不得影响人们的日常行动。

地面信息插座的各种安装方法如图 4-23 所示。

安装在墙上的信息插座，其位置宜高出地面 300mm 左右。当房间地面采用活动地板时，信息插座应距离活动地板地面 300mm。墙上信息插座的安装如图 4-24 所示。

信息插座的具体数量和装设位置以及规格型号应根据设计中的规定来配备和确定。

信息插座底座的固定方法应以现场施工的具体条件来确定，可用扩张螺钉、射钉或一般螺钉等安装，安装必须牢固可靠，不应产生松动现象。

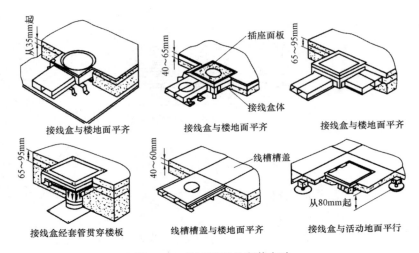

图 4-23 地面插座的安装方法

信息插座应有明显的标志，可采用颜色、图形和文字符号来表示所接终端设备的类型，以便使用时区分，以免造成混淆。

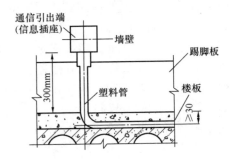

图 4-24 墙上信息插座的安装

在新建的智能建筑中，信息插座宜与暗敷管路系统配合，信息插座盒体采用暗装方式，在墙壁上预留洞孔，将盒体埋设于墙内，综合布线施工时，只需加装接线模块和插座面板即可。

（二）信息插座引针与电缆的连接

信息插座和电缆连接可按照 T568B 标准或 T568A（ISDN）

标准接线，其引针和线对安排如图 3-1 所示。在同一个工程中，只能采用一种连接方式。否则，应标注清楚。

（三）通用信息插座的端接

信息插座可分为单孔和双孔两种，每孔都有一个 8 位 8 路插针。这种插座具有高性能、小尺寸及模块化的特点，为综合布线设计提供了灵活性，它采用了标明不同颜色电缆所连接的终端，保证了快速、准确地安装。

（1）从信息插座底盒孔中将双绞电缆拉出 20～30cm，用环切器或斜口钳从双绞电缆剥除 10cm 的外护套。双绞线是成对相互对绞在一起的，保持着按一定距离对绞的导线可提高抗干扰的能力，减小信号的衰减，压接时应一对一对拧开放入与信息模块相对应的端口上。

（2）根据模块的色标分别将双绞线的 4 对缆线压至指定的插槽中，双绞线分开不要破坏成对对绞的要求，注意不要过早分开。在双绞线压接处不要拧或撕开，并防止被划伤。

（3）使用打线工具将缆线压入插槽中，并切断伸出的余线。使用压线工具压接时，要压实，不能有松动的地方，并注意刀刃的方向。

（4）将制作好的信息模块扣入信息面板上，注意模块的上下方向。

（5）将装有信息模块的面板放置于墙上，用螺钉固定在底盒上。

（6）为信息插座标上标签，注明所接终端的类型和序号。

信息模块的详细压接安装工艺如图 4-25 所示。安装好的信息模块便可以插入信息模块的面板，或者安装到不同的面板上，或者和其他组件一起安装到模块化配线架中。如果是屏蔽的电缆，打线时还要单独地将屏蔽线接到模块组件的专用地线上去。

在现场施工过程中，有时遇到 5 类线或 3 类线，与信息模块压接时出现 8 针或 6 针模块。例如，要求将 5 类线（或 3 类线）一端压在 8 针的信息模块（或配线面板）上，另一端压在 6 针的

旋转式剥线器

1.剥掉线缆外皮

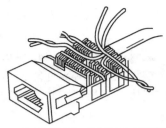

2.先安装前两对,将芯线插入相应槽中

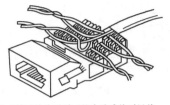

3.在放置接线对时可能会造成线对导线的分离,要尽量避免这样的情况出现

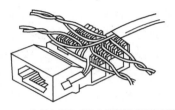

4.将所有的线对用手指调整到规定导线的方向上,并检查对应颜色的正确

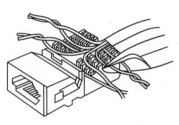

5.将导线完全推入线槽后剪掉多余线头

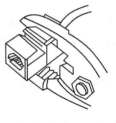

6.配有塑料帽子的,可用钳子安装插座帽并同时压接

7.也可使用打线工具进行导线压线

8.装入线盒时不要使电缆产生扭曲,如果改变电缆方向应注意最小弯曲半径的要求

9.面板安装的正确位置如上图所示,不可颠倒,否则时间长了触点会受到落下灰尘的腐蚀

图 4-25 信息模块的压接安装工艺步骤

语音模块上，如图 4-26 所示。

在这种情况下，无论是 8 针信息模块还是 6 针语音模块在交接处都是 8 针，只在输出时有所不同。压接都按 5 类线 8 针压接方法压接，6 针语音模块将自动放弃不用的棕色线对。

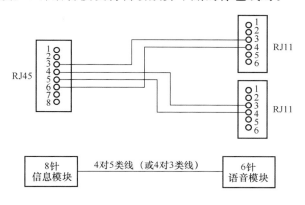

图 4-26 8 针信息模块连接 6 针语音模块

（四）模块化配线板的端接

配线板是提供铜缆端接的装置。配线板有固定式和模块化两种结构。一些厂家的产品中，模块与配线架进行了更科学的配置，这些配线架实际上由一个可装配各类模块的空板和模块组成，用户可根据实际应用的模块类型和数量来安装相应模块。在这种情况下，模块也成为配线架的一个组成部分。固定式配线板的安装与模块连接器相同，选中相应的接线标准后，按色标接线即可。模块化配线板可安装多达 24 个任意组合的模块化连接器并在缆线卡入配线板时提供弯曲保护。该配线板可固定在一个标准的 19 英寸（48.3cm）配线柜内。如图 4-27 所示，在一个配线板上端接电缆的基本步骤如下：

（1）在端接缆线之前，首先应整理缆线。松松地将缆线捆扎在配线板的任一边上，最好是捆到垂直通道的托架上。

（2）以对角线的形式将固定柱环插到一个配线板孔中去。

（3）设置固定柱环，以便柱环挂住并向下形成角度，这样有助于缆线的端接插入。

（4）将缆线放到固定柱环的线槽中去，并按照前面模块化连接器的安装过程对其进行端接。

（5）最后旋转固定柱环，完成此工作时必须注意合适的方向，以免将缆线缠绕到固定柱环上。

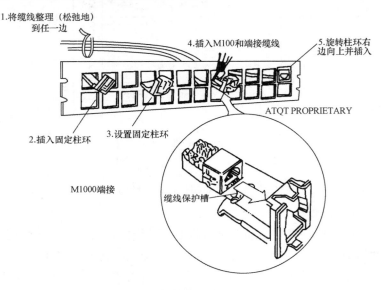

图 4-27　配线板端接的步骤

第五节　光缆传输通道施工

一、光缆传输通道的施工要求

光缆线路是当今综合布线系统中的重要组成部分。光缆施工技术是完成光缆传输线路工程建设的一门综合性的应用技术。光缆传输通道施工要求和注意事项主要有以下几点：

（1）施工要求高，技术复杂。光缆是由光纤通过"层绞""束管"等方法加工而成的，而光纤是由有机纯净的石英制成的。单模光纤包层直径为 $125\mu m$，缓冲层直径为 $250\mu m$，通光部分的芯径只有 8～10μm。光缆的敷设与施工应考虑的事项和电缆敷设施工考虑的事项大致相同，但光缆的抗张力、抗压性能差，容易折断，因此在施工方法、工艺要求、工序流程等方面技术要求较高；对测试仪器仪表、机具工具、辅助材料等要求精度高，还要求操作人员有较高的技术知识和操作技能。

（2）与电缆施工的不同之处。光缆布线与电缆布线的方法基本相似。光缆通过玻璃纤维而不是铜作为传输信号的介质，光缆的纤芯是玻璃纤维，与铜缆相比容易损坏。因此，对光缆的敷设有许多特殊的要求，施工人员需格外的小心。

（3）实行严格操作规程和工艺要求。在光缆连接施工的全过程中，都必须严格执行操作规程中规定的工艺要求。例如，在切断光缆时，必须使用光缆切断器，严禁使用钢锯，以免拉伤光纤；严禁用刀片去除光纤的一次涂层，或用火焰法制备光纤端面等；在剥除光缆外套时，应根据光缆接头套管的工艺尺寸要求开剥长度，不宜过长或过短，在剥除外护套过程中不应损伤光纤，以免留有后患。

二、光缆布线施工方法

（一）建筑物内光缆敷设

1. 通过各层配线间的槽孔垂直地敷设光缆

在配线间中的敷设方式有向下垂放和向上牵引两种。通常向下垂放比向上牵引容易些。但如果将光缆卷轴机搬到高层上去很困难，则只能由下向上牵引。

2. 通过吊顶（天花板）来敷设

在某些建筑物中，如低矮而又宽阔的单层建筑物中，可以在吊顶内水平地敷设光缆。由于吊顶和光缆类型不同，故敷设光缆的方法也不同。因此，首先要查看并确定吊顶和光缆的类型。

通常情况下，当设备间和配线间同在一个大的单层建筑物中时，可在悬挂式的吊顶内敷设光缆。如果敷设的是有填充物的光缆而又不需牵引通过管道，且具有良好的施工视野，则光缆的敷设就比较容易。如果要在一个管道中敷设无填充物的光缆，就比较困难，其难度还与敷设的光缆及管道的弯曲度有关。

3. 在水平管道中敷设光缆

当需要在拥挤的区域内敷设无填充物的光缆，并要求对其进行保护时，可将光缆敷设在一条管道中。光缆敷设中需要注意以下几点要求：

（1）建筑物内主干布线系统的光缆一般敷设在电缆竖井或上升房中的槽道内（或桥架上）和走线架上，并应排列整齐，不应溢出槽道或走线架。

（2）光缆敷设后，应仔细检查，要求外护套完整无损，不得有压扁、扭伤、折痕和裂缝等缺陷。

（3）光缆敷设后，要求敷设的预留长度必须符合设计要求，在设备端应预留 5～10m。有特殊要求的场合，根据需要预留长度。光缆的曲率半径应符合规定，转弯的状态应圆顶，不得有死弯和折痕。

（4）光缆全部固定牢靠后，应将建筑内各个楼层中光缆穿过的所有槽洞、管孔的空隙部分，先用材料密封，再采取防火措施，以求达到防潮和防火的目的。

（二）建筑群间光缆敷设

建筑群间的光缆基本上有管道敷设、直埋敷设和架空敷设 3 种敷设方法。管道敷设是在地下管道中敷设光缆，是 3 种方法中的最佳方法。因为管道可以保护光缆，防止挖掘、有害动物及其他故障源对光缆造成损坏。通常不提倡直埋敷设，因为任何未来的挖掘都可能损坏光缆。架空敷设即在空中从电线杆到电线杆敷设，因为光缆暴露在空气中会受到恶劣气候的破坏，工程中较少采用这种方法。

1. 管道敷设光缆

（1）在敷设光缆前，根据设计文件和施工图纸对穿放光缆的管孔大小及其位置进行核对，如所选管孔孔位需要改变（同一路由上的管孔位置不宜改变），应取得设计单位的同意。

（2）在敷设光缆前，应逐段将管孔洗刷干净并进行试通。应用专门的清扫工具进行清扫，清扫后应用试通棒试通检查，合格后才可穿放光缆。如采用塑料子管，要求对塑料子管的材质、规格、盘长进行检查，它们均应符合设计规定。一般塑料子管的内径为光缆外径的 1.5 倍以上，一个 90mm 管孔中布放两根以上的子管时，其子管等效总外径不宜大于管孔内径的 85%。

（3）穿放塑料子管时，其敷设方法与光缆基本相同，但必须符合以下规定：

1）穿放两根以上的塑料子管时，若管材已有不同颜色可以加以区别，则其端头可不必做标志。若是无颜色的塑料子管，应在其端头做好区别的标志。

2）穿放塑料子管的环境温度应在-5～+35℃之间。温度过低或过高时，应尽量避免施工，以保证塑料子管的质量不受影响。

3）连续布放塑料子管的长度不宜超过 300m，塑料子管不得在管道中间有接头。

4）牵引塑料子管的最大拉力不得超过管材的抗拉强度，且牵引时的速度要均匀。

5）穿放塑料子管的水泥管管孔应采用塑料管堵头（也可采用其他方法），在管孔处安装，使塑料子管固定。塑料子管布放完毕后，应将子管口临时堵塞，以防有异物进入；本期工程中不用的塑料子管必须在子管端部安装堵塞或堵帽。塑料子管应根据设计规定的要求在人孔或手孔中留有足够长度。

6）如果采用多孔塑料管，可免去对子管的敷设要求。

（4）光缆牵引端头的制作方法与电缆的有所不同，通常将光缆中的纱线绞合打结后与拉线相连。为防止在牵引过程中发生扭转而损伤光缆，在牵引端头与牵引索之间应加装转环。

（5）光缆采用人工牵引布放时，在每个人孔或手孔处应留人值守，以帮助牵引；机械布放光缆时不需这样做，但在拐弯处应有专人照看。在整个敷设过程中，必须严密组织，并有专人统一指挥。牵引光缆过程中应有较好的联络手段，不应有未经训练的人员上岗和在无联络工具的情况下施工。

（6）光缆一次牵引长度一般应不大于1000m。距离超长时，应将光缆盘成倒8字形分段牵引或在中间适当地点增设辅助牵引，以减少光缆张力，提高施工效率。

（7）为了在牵引工程中保护光缆外护套等不受损伤，在光缆穿入管孔时，应采用导引装置或喇叭口保护管等保护装置。此外，根据需要，可在光缆四周加涂中性润滑剂等材料，以减少牵引光缆时的摩擦阻力。

（8）光缆敷设后，应逐个在人孔或手孔中将光缆放置于规定的托板上，并应留有适当余量，避免光缆绷得太紧。人孔或手孔中的光缆需要接续时，其预留长度应符合表4-1中的规定。在设计中如要求预留一定的长度以备日后使用，应按规定妥善放置（如预留光缆是为日后引入新建的建筑）。

表 4-1　　　　　　　　光缆敷设的预留长度

光缆敷设方式	自然弯曲增加长度（m/km）	人（手）孔内弯曲增加长度（m/孔）	接续每侧预留长度（m）	设备每侧预留长度（m）	备　　注
管道	5	0.5～1.0	一般为6～8	一般为10～20	其他预留按设计要求，管道或直埋光缆需引上架空时，其引上地面部分每处增加6～8m
直埋	7	—			

（9）光缆管道中间的管孔不得有接头。当光缆在人孔中没有接头时，要求光缆弯曲放置于电缆托板上固定绑扎，不得在人孔中间直接通过，否则既影响今后的施工和维护，又增加了光缆被损坏的机会。

（10）当管道的管材为硅芯管，尤其是采取气吹敷设光缆的方法时，敷设光缆的外径与管孔内径大小有关，因为硅芯管的内径与光缆外径的比值会直接影响其敷设光缆的长度。目前，在气吹敷设光缆的方法中，通常将硅芯管内径与光缆外径的比值作为参照系数。根据以往工程经验，管径的最佳利用率为 50％～60％，它有利于光缆敷设，使气吹敷设光缆的长度更长。

（11）光缆与其接头在人孔或手孔中时，均应放置于人孔或手孔铁架的电缆托板上加以固定绑扎，并应按设计要求采取保护措施。保护材料可用蛇形软管或软塑料管等管材。

（12）光缆在人孔或手孔中应注意以下几点：

1）光缆穿放的管孔出口端应封堵严密，以防水分或杂物进入管内。

2）光缆及其接续应有识别标志，标志内容有编号、光缆型号和规格等。

3）在严寒地区应按设计要求采取防冻措施，以防光缆受冻损伤。

4）如光缆有可能被碰损伤时，可在其上面或周围采取保护措施。

2. 直埋敷设光缆

直埋光缆是隐蔽工程，技术要求较高，在敷设时应注意以下几点：

（1）直埋光缆的埋设深度应符合表 4-2 的规定。

表 4-2　　　　　　　　　　直埋光缆的埋设深度

序号	光缆敷设的地段或土质	埋设深度（m）	备注
1	市区、村镇的一般场合	≥1.2	不包括车行道
2	街坊和智能化小区内、人行道下	≥1.0	包括绿化地带
3	穿越铁路、道路	≥1.2	距道碴底或路面
4	普通土质（硬土地）	≥1.2	—
5	沙砾土质（半石质土等）	≥1.0	—

（2）在敷设光缆前应先清理沟底，沟底应平整，无碎石和硬土块等有碍于施工的杂物。

（3）在同一路由且同沟敷设光缆或电缆时，应同期分别牵引敷设。

（4）直埋光缆的敷设位置，应在统一的管线规划下进行安排布置，以减少管线设施之间的矛盾。

（5）在道路狭窄、操作空间狭小的地方施工时，宜采用人工抬放敷设光缆。敷设时不允许光缆在地上拖拉，也不得出现急弯、扭转、浪涌或牵引过紧等现象。

（6）光缆敷设完毕后，应及时检查光缆的外护套，如发现破损等缺陷应立即修复，并测试其对地绝缘电阻。具体要求可参照我国通信行业标准 YD 5012—2003《光缆线路对地绝缘指标及测试方法》中的规定。

（7）直埋光缆的接头处、拐弯点或预留长度处，以及与其他地下管道交越处，应设置标志，以便今后维护检修。标志可用专制的标石，也可利用光缆路由附近的永久性建筑的特定部位，测量出距离直埋光缆的相关距离，并在有关图纸上记录，以作为今后的查考资料。

3. 架空敷设光缆

架空敷设光缆的方法基本与架空敷设电缆相同，施工时需注意以下事项：

（1）架空时，光缆引上线杆处须加导引装置，并避免光缆拖地。光缆牵引时注意减小摩擦力。

（2）每个杆上要预留一段用于伸缩的光缆。光缆在经过十字形吊线连接或丁字形吊线连接处时，弯曲应圆顺，并符合最小曲率半径的要求，光缆的弯曲部分应穿放于聚乙烯管中加以保护，其长度约为 30cm，如图 4-28 所示。在电线杆附近的架空光缆接头，它的两端光缆应各做伸缩弯，其安装尺寸和形状如图 4-29 所示，两端的预留光缆应盘放于相邻的电线杆上（图中未标示）。

（三）吹光纤敷设技术

吹光纤敷设技术是指预先在建筑物中敷设特制的管道，在实际需要使用光纤时，才将光纤通过压缩空气吹入管道。这样既可减少资金的投入，同时又减少了对数据网络的干扰。

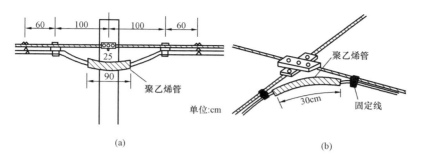

图 4-28　架空光缆保护

（a）光缆在电线杆上预留、保护示意图；（b）光缆在十字吊线处保护示意图

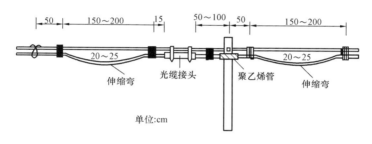

图 4-29　在电线杆附近架空光缆接头安装图

1. 吹光纤敷设技术的特点

吹光纤与传统光纤的区别主要在于敷设方式，光纤本身的衰减指标与普通光纤相同，同样可用 ST 型或 SC 型接头端接，且吹光纤传输系统的造价与普通光纤传输系统相差无几。但吹光纤具有以下优点：

（1）分散投资成本。目前，我们在考虑光纤传输系统设计时，出于对光纤传输系统成本的考虑（包括光纤和相关的配线架以及光电转换设备等），综合布线工程还不能全面的采用光纤综合布线，在很多布线工程中只有极少数信息点采用光纤到桌面方案。这样，在后期需要增加光纤时，用户又会为没有合适的敷设路由而苦恼。在吹光纤技术中，由于微管成本低（不及光纤的十分之一），所以，设计时可以尽可能地敷设光纤微管，在以后的应用中可以根据实际需要吹入光纤，从而分散投资，降低成本。

（2）安装灵活方便。普通的光纤传输通道需做各种光纤接续工作，这样不仅增加了成本及路径的光纤损耗，还使安装变得较为复杂。另外，工程现场施工环境较为复杂，施工人员很可能因误操作而导致光纤损坏，造成光纤损耗加大，甚至折断光纤。在吹光纤连接时，只需安装光纤外的微管，在光纤配线架上只需用特制陶瓷接头将微管拼接即可，无需做任何端接。当所有微管连接好后，将光纤吹入即可。由于路由上采用的是微管的物理连接，因此即使出现微管断裂，也只需简单地用另一段微管替换即可，对光纤不会造成任何损坏。另外，普通光纤一旦敷设好，建筑结构也相应固定，难以更改。而吹光纤则不同，它只需更改微管的走向和连接方式就可以轻而易举地改变光纤的走向。

（3）便于升级换代。随着信息技术的发展，对于光纤的传输性能也提出了越来越高的要求。在最新的千兆以太网规范中，由于差模延迟（DMD）等因素，多模光纤传输 1000Mb/s 信息时，支持距离已由原来的 2000m 减为 550m。可以预见，随着信息技术的高速发展，光纤本身也将不断发展，而吹光纤的另一特点就是它既可以吹入，又可以吹出。当日后升级需要更换光纤类型时，用户可以将原来的光纤吹出，再将所需类型的光纤吹入，从而充分保护用户投资的安全性。

（4）节省投资。据统计，我国近年来新建的高层建筑物都采用光纤作为综合布线的垂直子系统，然而，有些建筑物目前对光纤尚无需求，从而造成浪费；而且到需用光纤时，现有的光纤数量、类型和光纤结构又未必能满足需求，常常需要重新穿光纤。采用吹光纤技术，在建筑物建设时只需布放微管和部分光纤，等到需要时才将光纤吹入到相应的管道中。当需要做局部修改时，还可将光纤吹出，再吹入新的光纤。

2. 吹光纤敷设技术的构成

（1）微管。微管是一种通过挤压生产成型的管子，它包括光滑利于吹入空气的内层套管及低烟阻燃材料组成的外套。为了满足不同路由配置及长度的需要，共有两种不同规格的微管可供选择，即外径 5mm／内径 3.5mm 和外径 8mm／内径 6mm。所有微管均呈蓝色，且每隔一定间隔都印有管子和长度的标识。

（2）多微管。多微管是将多个微管通过外层护套平直（不扭曲）地扎束在一起形成的。室内型多微管包含一个单独的绝缘带和低烟阻燃材料护套（蓝色），室外型多微管包含一个铝制防水层及聚乙烯材料护套（黑色）。多微管规格有 2 路、4 路和多路可选。

吹光纤微管有 5mm 和 8mm 两种管径。不同规格的管径并不影响微管所容纳的光纤数量，两种微管所容纳的最多光纤数量均为 8 根。然而管径规格十分重要，若想吹得更远，则需要更强的空气压力。通过 5mm 微管最远可吹到 500m，而 8mm 微管最远可吹到 1000m。注意吹管没有吹入光纤前其两端应保持密封。

（3）单元结构复合电缆。单元结构复合电缆包括一个 4 对双绞线铜缆和一个 5mm 室内微管，并分别有 PVC 或低烟无卤外层护套。两部分元件是同时压缩生产成型的，并可分别进行端接。

有聚酯包层的多路单元复合电缆，主要由若干个 UTP、FTP 铜缆和一个或多个 5mm 微管组成。铜缆和微管表面附有聚酯包层，单独的铜缆有计数标识，并可以有不同的颜色。

（4）光纤。吹光纤用的光纤是通过独特涂层处理后得到的，高性能的表面材料增强了可吹动性的端接性能。光纤种类有 3 种不同类型，包括 50/125、62.5/125 多模和单模光纤，并各有棕、红、橙、黄、绿、蓝、紫、灰 8 种颜色区别，光纤结构如图 4-30 所示。

（5）吹光纤连接件。吹光纤连接件包括 48.26cm 光纤配线架、跳线及地面光纤出线盒、用于微管间连接的陶瓷接头等。

（6）吹光纤安装设备。吹光纤安装设备通过压缩空气将光纤吹入微管，吹制速度可达到 40m／min。

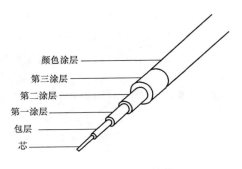

颜色涂层
第三涂层
第二涂层
第一涂层
包层
芯

图 4-30　光纤的结构

三、光纤连接技术

（一）光纤拼接技术

1. 光纤熔接技术

光纤熔接是用光纤熔接机进行高压放电使待接续光纤端头熔融，合成一段完整的光纤。一般用于长途接续、永久或半永久固定连接。其主要特点是连接衰减在所有的连接方法中最低（典型值为 0.01～0.03dB），且可靠性高。但连接时，需要用专用设备（熔接机）和专业人员进行操作，且连接点也需要用专用容器保护起来。熔接时用专用的切割刀将清洁好的光纤和带有 ST 或 SC 接头的光纤切割整齐，放在熔接机的指定位置，将两个接头对齐进行熔接。

还有一种光纤应急连接的方法称为冷熔。应急连接主要是用机械和化学的方法，将两根光纤固定并粘接在一起。这种方法的主要特点是连接迅速可靠，连接典型衰减为 0.1～0.3dB。但连接点长期使用会不稳定，衰减也会大幅度增加，所以只能用于短时间内应急。

2. 压接式光纤连接头技术

压接式光纤连接头技术是安普公司的专利压接技术，它使光纤接续过程变得快速、整洁和简单，从而区别于传统光纤接头制作的繁琐过程。压接式免打磨 ST 及 SC 光纤头具有如下优点：无需胶水，无需打磨，只需剥皮、切断、压接快速连接；1min

完成光纤头制作，减去打磨、加热所用时间，无需加热炉及电源，工作温度范围很大，易于安装。

压接式免打磨 ST 及 SC 光纤头出厂时便进行了高质打磨。因此，它在连接时可直接剥开缆线，切断光纤，压好接头，快速、方便、安全、可重复对接，节省端接时间，降低安装成本。

另外，美国合宝集团综合布线部也推出 2Quick 无胶水连接器系统，它可以在 2min 内完成一次光纤接头的制作。利用一个标准的手持式压接工具，2Quick、SC 或 ST 光纤连接器可以很容易地压接到光纤上，然后除去多余光纤，打磨连接器的顶端，这样就制成了一个高质量的光纤连接器。

2Quick 连接器系统省去了胶水和昂贵的烘干箱，提供了可靠的光纤连接。2Quick 光纤连接器使得光纤可以快速地进行接续并具有长期的可靠性。连接体部分采用高质量的氧化锆金属材料，使得制作好的光纤连接性能更加优越，延长了使用寿命。连接体顶端采用镜面抛光技术，降低了插入损耗和回程反射。当使用分布式光缆时，还有特制的防折断保护管供使用。

（二）光纤端接技术

光纤端接与拼接不同，它是使用光纤连接器件对于需要进行多次拔插的光纤连接部位的接续，属于活动性的光纤互连，通常用于配线架的跨接线以及各种插头与应用设备、插座的连接等场合，有利于管理、维护、更改链路等。其典型衰减为 1dB/接头。光纤的端接主要要求插入损耗小、体积小、装拆重复性好、可靠性好及价格便宜。光纤连接器的结构类型有多种，但大多用精密套筒来对直纤芯，以降低损耗。

四、光纤连接器的安装

（一）光纤连接器的主要部件

1. 连接器的部件

（1）连接器组件。

（2）用于 2.4mm 和 3.0mm 直径的单光纤缆的套管。

（3）缓冲器光纤缆支撑器（引导）。

（4）带螺纹帽的扩展器。

（5）保护帽。

2. 连接器的部件和组装

如图 4-31 所示，连接器插头具有如下的特点和规格：

（1）STII 光纤连接器有陶瓷结构和塑料结构两种。

（2）STII 光纤连接插头的物理和电气规格。

1）长度：22.6mm。

2）运行温度：$-40 \sim 85℃$（具有 $\pm 0.1℃$ 的平均性能变化）。

3）接合次数：500 次（陶瓷结构）。

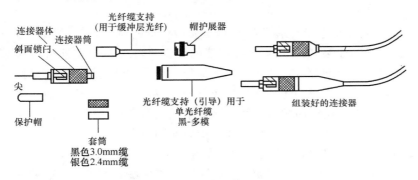

图 4-31 连接器的部件与组装

（二）光纤连接器的互连

对于互连模块来说，光纤连接器的互连是将两条半固定的光纤通过其上的连接器与此模块嵌板上的耦合器互连起来。做法是将两条半固定光纤上的连接器从嵌板的两边插入其耦合器中。

对于交叉连接模块而言，光纤连接器的互连是将一条半固定光纤上的连接器插入嵌板上耦合器的一端中，此耦合器的另一端中插入光纤跳线的连接器；然后，将光纤跳线另一端的连接器插入要交叉连接的耦合器的一端，该耦合器的另一端中插入要交叉连接的另一条半固定光纤的连接器。交叉连接就是在两条半固定的光纤之间使用跳线作为中间链路，使管理员易于管理或维护线路。

ST 光纤连接器的互连方法如下：

（1）清洁 ST 连接器。取下 ST 连接器头上的保护帽，用蘸有酒精的医用棉花轻轻擦拭连接器头。

（2）清洁耦合器。摘下耦合器两端的保护帽，用蘸有酒精的杆状清洁器穿过耦合器内部以除去碎片，如图 4-32 所示。

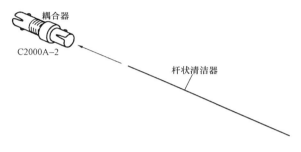

图 4-32　用杆状清洁器除去碎片

（3）使用罐装气吹除耦合器内部的灰尘，如图 4-33 所示。

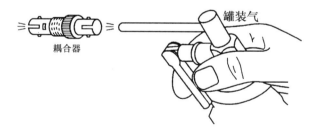

图 4-33　用罐装气吹除耦合器中的灰尘

（4）将 ST 连接器插到一个耦合器的一端，耦合器上的突起对准连接器槽口。插入后扭转连接器以使锁定；如经测试发现光能量损耗较高，则需摘下连接器并用罐装气重新净化耦合器，然后再插入 ST 连接器。要确保两个连接器的端面与在耦合器中的端面接触上，如图 4-34 所示。注意每次重新安装时要用罐装气吹除耦合器的灰尘，并用蘸有酒精的棉花擦净 ST 连接器。

耦合器

图 4-34　将 ST 连接器插入耦合器

应注意，若一次来不及装上所有的 ST 连接器，连接器头上要盖上保护帽，耦合器空白端或一端（有一端已插上连接器头的情况）也要盖上保护帽。

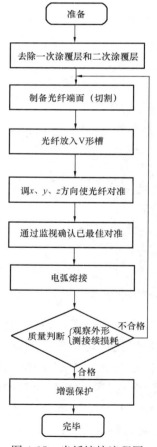

图 4-35　光纤熔接流程图

对于光纤连接器，当连接器插入插座时，插头中的光纤芯与插座中的芯端对端地连接在一起。应注意两个重要的问题：其一是光纤芯必须完全对齐，端对端的连接必须达到完全平齐，不能在轴向上有任何改变，也就是它们之间不能形成角度；其二是表面必须没有擦痕、凹陷、突起、裂缝等缺陷。

（三）光纤的接续

光纤的接续含有光纤接续，铜导线（在光电组合光缆中）、金属护层和加强芯的连接，接头套管（盒）的封合安装等，在施工时应分别按其操作规定和技术要求执行。

目前光纤接续的方法有熔接法、粘接法和冷接法三种。一般采用熔接法，其特点是接点损耗小，反射损耗大，可靠性高。无论选用何种接续方法，都是为了降低连接损耗，在光纤接续的全部过程中应采取质量监视。光纤熔接法的流程如图 4-35 所示，其具体的接续过程和步骤如下：

1. 准备工作

（1）开剥光缆，并将光缆固定于接续盒内。注意不可伤到束管，开剥长度取 1m 左右，用卫生纸将油膏擦拭干净，将光缆穿入接续盒固定。

（2）将不同束管、不同颜色的光纤分开，穿过热缩管。

（3）准备熔接机，并在使用前和使用后及时去除熔接机中的灰尘，特别是夹具、各镜面和 V 形槽内的粉尘和光纤碎末。

2. 制备光纤端面

用专用的剥线钳除去所有涂覆层，再用蘸有酒精的清洁棉球反复擦拭裸纤，用力要适度，然后用精密光纤切割刀切割光纤。对 0.25mm（外涂层）光纤，切割长度为 8～16mm；对 0.9mm（外涂层）光纤，切割长度只能是 16mm。要求端面光滑、垂直。

3. 光纤熔接

将光纤放在熔接机的 V 形槽中并固定，调整旋钮将待接续的两根光纤在轴心上对准，然后选择熔接的时间和电压完成熔接（若选用自动熔接机，对准和熔接过程是自动完成的）。

4. 接头部位增强保护

将光纤从熔接机上取出，经检测光纤接续损耗满足质量要求后，再将热缩管放在裸纤中心（接头部位），放到专用加热器上加热。一般选用 60mm 热缩套管，加热时间约为 85s。采用热缩管加强保护时，要求加强管（加强管是通过在原料为橡胶、PVC 等管道的管壁中添加其他介质材料来增强性能的管道）收缩均匀，管中无气泡。

5. 盘纤固定

光纤全部连接完成后，应按以下要求将光纤接头固定和光纤余长收容盘放。光纤接续应按顺序排列整齐、布置合理，并应将光纤接头固定，光纤接头部位应平直，不应受力。

（1）根据光缆接头套管（盒）的不同结构，按工艺要求将接续后的光纤余长收容盘放在骨架上；光纤的盘绕方向应一致，松紧适度。

（2）收容余长的光纤盘绕弯曲时的曲率半径应大于厂家规定的要求，一般收容的曲率半径应不小于 40mm。光纤收容余长的长度应不小于 1.2m。

（3）光纤盘留后，按顺序收容，不应有扭绞受压现象。应用海绵等缓冲材料压住光纤形成保护层，并移入接头套管中。

（4）光纤接续的两侧冗余部分应贴上光纤芯的标记，以便日后检测时备查。

第五章

综合布线系统工程测试

第一节 综合布线系统工程测试概述

一、综合布线系统工程测试内容

（1）光纤测试。

（2）跳线测试。

（3）双绞线测试。

（4）大对数电缆测试。

（5）主干线连通状况测试。

（6）工作间到电信间的连通状况测试。

（7）信息传输速率、衰减、距离、接线图、近端串扰等。

二、综合布线系统工程测试的相关标准

由于所有的高速网络均定义了支持 5 类双绞线，所以用户要找一个方法来确定它们的电缆系统是否满足 5 类双绞线规范。为了满足用户的需要，EIA（美国电子工业协会）制定了 EIA—586 和 TSB—67 标准，它适用于已安装好的双绞线连接网络，并提供一个用于"认证"双绞线电缆是否达到 5 类线所要求的标准。由于确定了电缆布线满足新的标准，用户便可以确信他们现在的布线系统能否支持未来的高速网络（100Mbps）。随着TSB—67的最后通过（1995年10月已正式通过），它对电缆测试仪的生产商提出了更严格的要求。

对网络电缆和不同标准所要求的测试参数见表5-1～表5-3。

表 5-1 网络电缆及对应的标准

电缆类型	网络类型	标准
UTP	令牌环 4Mbps	IEEE802.5 for 4Mbps
UTP	令牌环 16Mbps	IEEE802.5 for 16Mbps
UTP	以太网	IEEE802.3 for 10Base-T
RG58/RG58 Foam	以太网	IEEE802.3 for 10Base2
RG58	以太网	IEEE802.3 for 10Base5
UTP	快速以太网	IEEE802.12
UTP	快速以太网	IEEE802.3 for 10Base-T
UTP	快速以太网	IEEE802.3 for 100Base-T4
URP	3，4，5类电缆现场认证	TIA 568，TSB-67

表 5-2 不同标准所要求的测试参数

测试标准	接线图	电阻	长度	特性阻抗	近端串扰	衰减
ETA/TIA—568A，TSB—67	*	√	*	√	*	√
10 Base-T	*	√	*	*	*	*
10 Base 2	√	*	*	*	√	√
10 Base 5	√	*	*	*	√	√
IEEE 802.5 for 4Mbps	*	√	*	*	*	*
IEEE 802.5 for 16Mbps	*	√	*	*	*	*
100 Base-T	*	√	*	*	*	*
IEEE 802.12 100 Base-VG	*	√	*	*	*	*

＊表示国际标准化组织还没有通过正式标准。

表 5-3　　　　　　　　　　　　电缆级别与应用的标准

级别	频率量程	应　用
3	1～16MHz	IEEE 802.5 Mbps 令牌环 IEEE 802.3 for 10Base-T IEEE 802.12 100Base-VG IEEE 802.3 for 10Base-T4 以太网 ATM 51.84/25.92/12.96Mbps
4	1～20MHz	IEEE 802.5 16Mbps
5	1～100MHz ATM 155Mbps	IEEE 802.3 100Base-T 快速以太网
6①	200MHz	—
7①	600MHz	—

① 表示国际标准化组织还没有通过正式标准。

（一）TSB—67 测试主要内容

TSB—67 包含了验证 TIA—568 标准定义的 UTP 布线中的电缆与连接硬件的规范。对 UTP 链路测试的内容主要包括：

1．接线图

这一测试是确认链路的连接。它不仅是一个简单的逻辑连接测试，还要确认链路一端的每一个针与另一端相应的针连接，不是连在任何其他导体或屏幕上。此外，接线图测试要确认链路缆线的线对正确，不能产生任何串绕。保持线对正确绞接是非常重要的测试项目。

端到端测试会显示正确的连接（用万用表就可以测试），如图 5-1 所示，这种连接会产生极高的串扰，使数据传输产生错误。

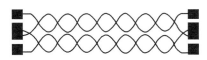

图 5-1　分离线对配线

正确的接线图要求端到端相应的针连接：1 对 1，2 对 2，3

对 3，4 对 4，5 对 5，6 对 6，7 对 7，8 对 8。如果接错，便会出现开路、短路、反向、交错和串对等情况。

2. 链路长度

每一个链路长度都应记录在管理系统中（参考 TIA/EIA—606 标准）。链路的长度可以用电子长度测量来估算，电子长度测量是基于链路的传输延迟和电缆的 NVP（额定传播速率）值而实现的。NVP 表示电信号在电缆中传输速度与光在真空中传输速度的比值。当测量了一个信号在链路往返一次的时间后，可得知电缆的 NVP 值，从而计算出链路的电子长度。这里要进一步说明，处理 NVP 的不确定性时，实际上至少有 10％的误差。为了正确解决这一问题，必须以已知长度的典型电缆来校验 NVP 值。Basic Link 的最大长度是 90m，外加 4m 的测试仪误差，专用电缆区的长度为 94m，Channel 的最大长度是 100m。

当计入电缆厂商所规定的 NVP 值的最大误差和长度测量的 TDR（时域反射）技术的误差，测量长度的误差极限如下：

Channel：100m＋15％×100m＝115m

Basic Link：94m＋15％×94m＝108.1m

如果长度超过指标，则信号损耗较大。

对缆线长度的测量方法有 Basic Link 和 Channel 两种规格。Channel 也称为 User Link。

NVP 值的计算公式如下：

$$NVP = 2L / (Tc) \tag{5-1}$$

式中 L——电缆长度；

T——信号传送与接收之间的时间差；

c——真空状态下的光速（3×10^8 m/s）。

一般 UTP 的 NVP 值为 72％，但不同厂家的产品会稍有差别。

3. 衰减

衰减是信号损失度量，是指信号在一定长度的缆线中的损耗。衰减与缆线的长度有关，随着长度的增加，信号衰减也会随之增加，衰减也是用"dB"作为单位的，同时，衰减也会随频率而变化，所以应测量应用范围内全部频率上的衰减。比如，测量 5 类缆线 Channel 的衰减，要从 1～100MHz 以最大步长为 1MHz 来进行。对于 3 类缆线测试频率范围是 1～16MHz，4 类缆线频率测试范围是 1～20MHz。

TSB—67 定义了一个链路衰减的公式。TSB—67 还附加了一个 Basic Link 和 Channel 的衰减允许值表。该表定义了在 20℃时的允许值。随着温度的增加衰减也增加：对于 3 类缆线每增加 1℃，衰减增加 1.5%，对于 4 类和 5 类缆线每增加 1℃，衰减增加 0.4%，当电缆安装在金属管道内时链路的衰减增加 2%～3%。

现场测试设备应测量出安装的每一对线衰减的最严重情况，并通过将衰减最大值与衰减允许值比较后，给出合格或不合格的结论。如果合格，则给出处于可用频宽内（5 类缆线是 1～100MHz）的最大衰减值；如果不合格，则给出不合格时的衰减值、测试允许值及所在点的频率。早期的 TSB—67 版本所列的是最差情况的百分比限值。

如果测量结果接近测试极限，测试仪不能确定是合格或是不合格，则此结果用合格表示，若结果处于测试极限的错误侧，则只记上不合格。

合格/不合格的测试极限是按链路的最大允许长度（Channel 是 100m，Basic Link 是 94m）设定的，而不是按长度分摊。然而，如果测量出的值大于链路实际长度的预定极限，则报告中前者往往带有星号，以作为对用户的警告。请注意：分摊极限与被测量长度有关，由于 NVP 值的不确定性，所以是很不精确的。

衰减步长一般最大为 1MHz。

（二）近端串扰和远端串扰测量

近端串扰（NEXT）损耗是对性能评估的最主要的标准，是传送信号与接收信号同时进行的时候产生的干扰信号。随着信号频率的增加其测量难度也增大。TSB—67 中定义对于 5 类缆线链路必须在 1～100MHz 的频宽内测试。同衰减测试一样，3 类链路是 1～16MHz，4 类是 1～20MHz。

NEXT 测量的最大频率步长见表 5-4。

表 5-4　　　　　　　　　　NEXT 测量的最大频率步长

频率（MHz）	最大步长（kHz）
1～31.15	150
31.25～100	250

图 5-2 给出了一个典型的 NEXT 曲线。从曲线的不规则形状可看出，除非沿频率范围测试许多点，否则峰值情况（最坏点）可能很容易漏过。所以，TSB—67 定义了 NEXT 测试时的最大频率步长。

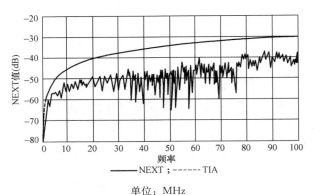

单位：MHz

图 5-2　NEXT 曲线

在一条 UTP 的链路上，NEXT 损耗的测试需要在每一对线之间进行。也就是说对于典型的 4 对 UTP 来说会有 6 对线关系的组合，即测试 6 次。

NEXT 测试的参照表见表 5-5～表 5-6。

表 5-5　　　　　**20℃ 时各类缆线在各频率下的衰减极限**

频率 （MHz）	信道（100m）			链路（94m）		
	3 类	4 类	5 类	3 类	4 类	5 类
1	4.2	2.6	2.5	3.2	2.2	2.1
4	7.3	4.8	4.5	6.1	4.3	4.0
8	10.2	6.7	6.3	8.8	6	5.7
10	11.5	7.5	7.0	10	6.8	6.3
16	14.9	9.9	9.2	13.2	8.8	8.2
20	—	11	10.3	—	9.9	9.2
25	—	—	11.4	—	—	10.3
31.25	—	—	12.8	—	—	11.5
62.5	—	—	18.5	—	—	16.7
100	—	—	24	—	—	21.6

表 5-6　　　　　**特定频率下的 NEXT 测试极限**

20℃	最小 NEXT					
	信道（100m）			链路（94m）		
频率（MHz）	3 类	4 类	5 类	3 类	4 类	5 类
1	39.1	53.3	60	40.1	54.7	60
4	29.3	43.3	50.6	30.7	45.1	51.8
8	24.3	38.2	45.6	25.9	40.2	47.1
10	22.7	36.6	44	24.3	38.6	45.5
16	19.3	33.1	40.6	21	35.3	42.3
20	—	31.4	39	—	33.7	40.7
25	—	—	37.4	—	—	39.1
31.2	—	—	35.7	—	—	37.6
62.5	—	—	30.6	—	—	32.7
100	—	—	27.1	—	—	29.3

（三）超 5 类、6 类线测试相关标准

对于超 5 类、6 类线的测试标准，国际标准化组织于 2000 年公布。超 5 类线和 6 类线的测试参数主要有以下内容：

（1）接线图。该步骤检查电缆的接线方式是否符合规范。错误的接线方式有开路（或称断路）、短路、反向、交错、分岔线对及其他错误。

（2）连线长度。局域网拓扑对连线的长度作出了一定的规定，如果长度超过了规定的指标，信号的衰减就会很大。连线长度的测量是按照 TDR（时间域反射测量学）原理来进行的，但测试仪所设定的 NVP（额定传播速率）值会影响所测长度的精确度，在测量连线长度之前，应该用不短于 15m 的电缆样本做一次 NVP 校验。

（3）衰减量。信号在电缆上传输时，其强度会随传播距离的增加而逐渐变小。衰减量与长度及频率有直接关系。

（4）近端串扰。当信号在一个线对上传输时，会同时将一小部分信号感应到其他线对上，这种信号感应就是串扰。串扰分为近端串扰与远端串扰，但 TSB—67 只要求进行 NEXT 的测量。NEXT 串扰信号不只在近端点产生，但在近端点所测量的串扰信号会随着信号的衰减而变小，在远端处对其他线对的串扰也会相应变小。TSB—67 规范要求在链路两端都要进行 NEXT 值的测量。

（5）SRL（结构回波损耗）。SRL 是衡量缆线阻抗一致性的标准。阻抗的变化引起反射，噪声的形线是由于一部分信号的能量被反射至发送端所形成的，SRL 是测量能量变化的标准，由于缆线结构变化而导致阻抗变化，使得信号的能量发生变化，TIA/EIA—568A 要求在 100MHz 下 SRL 为 16dB。

（6）等效式远端串扰。等效式远端串扰与衰减的差值以 dB 为单位，是信噪比的另一种表示方式，即两个以上的信号向同一方向传输时的情况。

（7）综合远端串扰。

（8）回波损耗。回波损耗是关心某一频率范围内反射信号的功率，与特性阻抗有关。具体表现为：电缆制造过程中的结构变化，连接器，安装。这 3 种因素是影响回波损耗数值的主要因素。

（9）特性阻抗。特性阻抗是缆线对通过信号的阻碍能力，它受直流电阻、电容和电感的影响，要求在整条电缆中必须保持是一个常数。

（10）衰减/串扰比（ACR）。衰减/串扰比是同一频率下近端串扰和衰减的差值。

ACR 不属于 TIA/ETA—568A 标准的内容，但它对于表示信号和噪声串扰之间的关系有着重要的价值。实际上，ACR 是系统信噪比的唯一衡量标准，也是决定网络正常运行的一个因素，ACR 包括衰减和串扰，它还是系统性能的标志。

对 ACR 的要求：国际标准 ISO/IEC 11801 规定在 100MHz 下，ACR 为 4dB，T568A 对于连接的 ACR 要求是在 100MHz 下，为 7.7dB。在信道上 ACR 值越大，SNR 越好，从而对于减少误码率（BER）也是有好处的。SNR 越低，BER 就越高，使网络由于错误而重新传输，大大降低了网络的性能。

6 类布线系统 100m 信道的参数极限值见表 5-7。

表 5-7　　　　　　　　6 类系统性能参数极限值

频率（MHz）	衰减（dB）	NEXT（dB）	综合近端串扰PS NEXT（dB）	等效或远端串扰ELFEXT（dB）	功率总和等电平远端串扰PS ELFEXT（dB）	回波损耗（dB）	ACR（dB）	功率总和衰减/串扰比PS ACR（dB）
1.0	2.2	72.7	70.3	63.2	60.2	19.0	70.5	68.1
4.0	4.1	63.0	60.5	51.2	48.2	19.0	58.9	56.5
10.0	6.4	56.6	54.0	43.2	40.2	19.0	50.1	47.5
16.0	8.2	53.2	50.6	39.1	36.1	19.0	45.0	42.4
20.0	9.2	51.6	49.0	37.2	34.2	19.0	42.4	39.8
31.25	8.6	48.4	45.7	33.3	30.3	17.1	367.8	34.1

续表

频率 (MHz)	衰减 (dB)	NEXT (dB)	综合近 端串扰 PS NEXT (dB)	等效或 远端串扰 ELFEXT (dB)	功率总和 等电平远 端串扰 PS ELFEXT (dB)	回波损耗 (dB)	ACR (dB)	功率总和衰 减/串扰比 PS ACR (dB)
62.5	16.8	43.4	40.6	27.3	24.3	14.1	26.6	23.8
100.0	21.6	39.9	37.1	23.2	20.2	12.0	18.3	15.4
125.0	24.5	38.3	35.4	21.3	18.3	8.0	13.8	10.9
155.52	27.6	36.7	33.8	19.4	16.4	10.1	9.0	6.1
175.0	29.5	35.8	32.9	18.4	15.4	9.6	6.3	3.4
200.0	31.7	34.8	31.9	17.2	14.2	9.0	3.1	0.2
250.0	35.9	33.1	30.2	15.3	12.3	8.0	1.0	0.1

三、综合布线系统工程测试连接方式

（一）水平布线测试连接方式

1. 通道连接方式

通道连接是指网络设备的整个连接。通过通道回路测试，可以验证端到端回路，包括跳线和适配器传输性能。

通道回路通常包括水平缆线、工作区跳线、信息插座、靠近工作区的转接点及配线区的两个连接点。连接到测试仪上的连接头不包括在通道回路中，通道连接方式如图 5-3 所示。

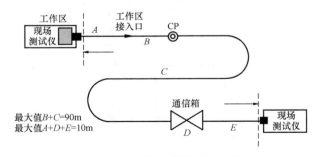

图 5-3　水平系统电缆通道测试模型

2. 基本连接方式

基本连接是指通信回路的固定缆线安装部分，它不包括插座

至网络设备的末端连接电缆。基本连接通常包括水平缆线和双端2m测试跳线，链路如图5-4所示。

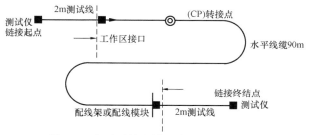

图 5-4 水平系统电缆基本链路测试模型

3. 水平布线光纤测试连接方式

只要在建筑物内光纤链路长度，就不受严格限制。光纤连接方式如图5-5所示。

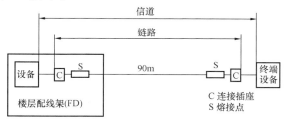

图 5-5 光纤水平布线测试模型

（二）主干布线测试的连接方式

建筑物之间或建筑物内使用多模光纤、单模光纤和大对数铜缆布线，测试起点为数层配线架，测试终点为建筑物总配线架。

第二节 综合布线系统工程常用测试仪

一、测试仪的性能要求

（一）测试仪的精度

1. 概述

综合布线测试的主要目的是认证综合布线及查找其故障。现场测试仪最主要的功能是认证综合布线链路能否通过综合布线标准的各项测试，如果发现链路不能达到要求，测试仪器就必须具有故障查找和诊断能力。在选择综合布线现场测试仪时通常考虑的因素包括：测试仪的精度和测试结果的可重复性；测试仪能支持多少测试标准；测试仪是否具有对所有综合布线系统故障的诊断能力及使用是否简单方便。

测试仪的精度非常重要，它决定了对链路测试结果的可信程度，即被测试链路是否真正达到了所选择标准的参数要求。

测试仪有一级精度和二级精度两个精度级别。一级精度的测试仪相对于二级精度的测试仪来说会有更多的测试结果不准确区，所以当用于综合布线认证测试时，就要使用二级精度的测试仪。无论是对通道的测试还是对基本链路的测试，认证的要求都是很高的。现场测试仪的性能参数是影响测量值的主要因素，具体见表 5-8。

表 5-8　　　　　　　　　现场测试仪的性能参数

性能参数	1～100MHz	1～100MHz
	一级精度	二级精度
随机噪声门阀	最大值不超过 75dB 时，同时满足 50lg ($f/100$)～15lg($f/100$)dB	最大值不超过 75dB 时，同时满足 65lg（$f/100$）～15lg（$f/100$)dB
残余近端串扰	40lg($f/100$)～15lg($f/100$)dB	55lg($f/100$)～15lg($f/100$)dB
输出信号平衡	27lg($f/100$)～15lg($f/100$)dB	37lg($f/100$)～15lg($f/100$)dB
共模抑制比	27lg($f/100$)～15lg($f/100$)dB	37lg($f/100$)～15lg($f/100$)dB
动态精度	±1dB	±0.75dB
结构回波损耗	15dB	
长度精度	±1×(1±4%)m(被测长度)	

注　f 为信号频率，其单位为 MHz。

这些测试参数对测试仪的精度提出了严格的要求。为了达到更高的传输质量，至关重要的参数就是近端串扰。目前，有些测试仪其测试近端串扰性能时，仅提到基本链路，这是因为这些型号的测试仪仅能满足二级精度下的基本链路的测试要求，而不能以二级精度测试通道。

从技术角度讲，电缆测试仪应在性能指标上同时满足通道和基本链路的二级精度要求。从应用的角度讲，还要有较快的测试速度。在测试多条链路的情况下，测试速度上的秒级差别都将对整个综合布线的测试时间产生很大影响，并将影响用户的工程进度。此外，测试仪要能迅速告知测试人员在一条损坏链路中的故障部件的位置，这是极有价值的功能。其他要考虑的方面还有：测试仪支持近端串扰的双向测试，测试结果可转储打印，操作简单，使用方便及支持其他类型电缆的测试。

2. 提高测试精度的措施

基于通道和基本链路结构的定义，在测试仪和远端单元两端的接头不作为链路的一部分考虑。接头对整条链路的近端串扰性能有极大的影响，在测试技术上采用低近端串扰的接头及时域接头补偿两种方法，减小这种影响。

低近端串扰的接头是一种特殊专用接头。使用低近端串扰接头的测试仪是通过一条特殊的电缆与综合布线链路相连。这条测试电缆接头的设计就是为了减少对近端串扰的影响。因此，测试仪产生接头误差的影响也很小。但这种技术有两个主要缺陷，一是对于通道模型不能提供高精度的测量；二是由于专用电缆是测试仪的一部分，这就增大了出错几率。

在通道模型的定义中，用户末端电缆均包括在链路的两端。因此，为了以通道模型的形式测试，测试仪及远端单元的插座必须与用户末端电缆插头相匹配，这个相匹配的插座就是 RJ45 模块插座。如果测试仪不使用 RJ45，就要使用适配器，如图 5-6 所示。在理论或试验上均可证明，适配器不仅会增加不应有的近端串扰，而且还会产生附加的信号不平衡，所以用这类测试仪不可能达到测试通道的二级精度要求。

采用数字测试技术测试近端串扰时可实现接头补偿，这种测

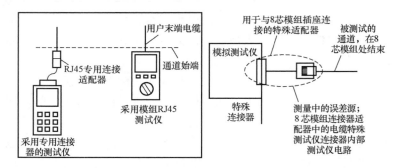

图 5-6 带有与不带有模块插座的通道连接方法

试技术使用了时域近端串扰分析技术（TDX），这样可减少链路部件对近端串扰的影响。由于采用了 TDX，测试仪接头的近端串扰可从总的近端串扰测试结果中除去，这就消除了由于接头而产生的误差。

模拟测试技术使用步进或扫描频率来测试近端串扰，只有在测试仪中使用"低——近端串扰"连接器替代标准的 8 针 RJ45插座时，这种测试技术才能达到二级精度的要求。基本链路可使用测试仪专用的电缆进行测试。模拟测试仪通过使用特殊电缆达到二级测试度。当要测试端——端的通道时，这类测试仪就必须使用如图 5-6 所示的接口。这些适配器会在测量中产生一些不定度。图 5-7 是使用了特殊的专用电缆来提高测试精度的测试结果，这种特殊的专用电缆价高又不易替换，因此，若测试仪对测量用的电缆没有特殊要求，可用标准的 8 芯电缆。

3. 测试仪的精度校准

100MHz 的电缆认证测试仪属于专业精密仪表，它的精度随时间而变。一般来说，精度保证期在 1 年以内，有的仅为 4～5个月。因此，对用户来说，当测试仪使用一段时间以后，应对测试仪的精度进行校准。

（二）测试速度

在进行实际测试时，测试速度也是测试仪的一个重要指标。尤其对大工程，要测试上千条链路，测试速度等级的差别也会延

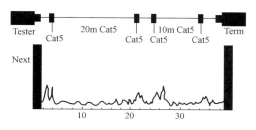

图 5-7　时域近端串扰分析技术（消除误差）

长工程测试时间，甚至影响工程进度，模拟测试仪表比数字测试仪器速度慢，因此要选用数字电缆测试仪，例如用 Fluke DSP 4000 系列测试仪，测试 5 类 UTP 的自动双向测试速度已达 10s。

（三）诊断能力

现场测试仪能定位已发现的综合布线或一条独立电缆的错误，这种对故障定位的诊断能力有助于迅速查找故障位置并进行排除。TSB—67 的测试中可能出现的链路故障以及用于定位这些故障可能使用的诊断测试见表 5-9。有时在认证或性能测试中就足以定位某类故障。表中的时域反射法技术是大多数测试仪用于测量综合布线链路长度的方法。当用于诊断时，这一测试要检验沿缆线是否存在不连续或突变。有损伤的连接或开路会对反射的测试信号产生一个突变，测试仪可测量到这种反射。此外，反射信号在时间上的延迟可提供有关距离的数据。这样的测试方法就可以提供如第 3 对线在 36.2m 处开路这样的诊断能力。

时域近端串扰分析技术是使数字脉冲与数字信号处理技术相结合，对近端串扰进行测试的方法。此种方法可用图形化的方式显示沿被测试链路的串扰情况，并能指示出链路中较高串扰信号的发生位置。

采用模拟频率扫描技术，测量的是链路整体的近端串扰值，测试仪只能报告用户该链路通过或未通过的结果。

表 5-9　　　　　　　　综合布线故障与相应的测试方法

性能测试结果		诊断测试
接线图/ 连接错误	开路	时域反射法测试
	短路（任何两根或更多根）	时域反射法测试
线对错	错对	查看线标
	极性接反	查看线标
串扰		时域反射法或时域近端串扰分析测试
衰减		链路长度 时域反射法测试 直流回路电阻
近端串扰		时域近端串扰分析测试

（四）测试仪的软件和电源

参数电缆测试仪通常用于测试 5 类布线，但用户还有其他类型的网络电缆需要测试，如屏蔽双绞电缆、非屏蔽双绞电缆以及各种常用的同轴电缆等，对于测试仪能否支持多种类型的电缆传输通道测试也是非常重要的。

有些测试仪还提供随机软件，这些软件可在需要时将某条典型链路的衰减、近端串扰的频率特性图绘制出来，同时这些软件还具有管理大量测试数据的功能。

测试仪用于现场进行测试，它的设计应能适应现场施工的环境。所以，这种测试仪最好具有良好的抗恶劣环境的能力，即在恶劣环境中仍能提供接近实验室的测试精度等级。

另外，电源的管理能力也是非常重要的，即能否显示电池的状态；能否有自动的电力管理能力，如使用者忘记了关机能否自动保护；电池充电时间；在电池没电或取出更换时，测试结果是否会丢失等。

二、测试程序

必须要遵守"随装随测"的原则，当一条链路施工完毕后，必须立刻用测试仪进行测试，不要等链路全部完工后再进行测试。仪器上的 Basic Link 标准就是施工单位在测试时用于参照的规范，而 Channel 标准则是在客户进行整体布线系统验收时所采用的规范。

在开始测试之前，应该认真了解布线系统的特点、用途及信息点的分布情况，确定测试标准，选定测试仪后按下述程序进行：

（1）测试仪测试前自检，确认仪表是正常的。

（2）选择测试了解方式。

（3）选择设置缆线类型及测试标准。

（4）NVP 值核准（核准 NVP 使用缆长不短于 15m）。

（5）设置测试环境湿度。

（6）根据要求选择"自动测试"或"单项测试"。

（7）测试后存储数据并打印。

（8）发生问题修复后复测。

（9）测试中出现"失败"查找故障。

（10）测试结果的保存，对测试结果必须加以编号储存。为保障用户的权益，测试仪提供的测试报告应是不可以修改的电脑文本文件，它必须是经过加密无法让施工人员进行修改的电脑文件。

三、常用测试仪种类与技术指标

（一）手持式测试仪

手持式测试仪的主要功能与特点是满足现场工作的实际需要，在价格、性能和应用等方面会有很大差别。在综合布线的测试与维护领域，根据它们所进行的测试功能，可划分为验证测试，鉴定测试和认证测试三大类。虽然这三个类别的测试仪在某些功能上可能有重叠，但每个类别的仪器都有其特定的使用目的。

（1）验证测试仪具有最基本的连通性测试功能，例如接线图测试和音频发生等。有些验证测试仪还有其他一些附加功能，例如用于测试缆线长度或对故障定位的时域反射技术。也许还可以检测出缆线是否已接入交换机或检查同轴线的连接等。验证测试仪在现场环境中随处可见，简单易用，价格便宜，通常作为解决缆线故障的入门级仪器。对于光缆来说，VFL可视故障定位仪也可看作是验证测试仪，因为它能够验证光缆的连续性和极性。

验证测试仪可以解决的问题是"缆线连接是否正确"，验证测试仪通常被网络工程师当作解决缆线故障的首选仪器。

（2）鉴定测试仪不仅具有验证测试仪的功能，而且还有所加强。鉴定测试仪最主要的功能之一就是判定被测试链路所能承载的网络信息量的大小。TIA—570B标准中描述到"链路鉴定通过测试链路来判定布线系统所能够支持的网络应用技术（例如100Base-TX，火线等）。"例如有两根链路但不知道它们的传输能力，链路A和链路B都通过了接线图验证测试。鉴定测试会告知链路A最高只能支持10Base-T，链路B却能支持吉特尔以太网。鉴定测试仪生成的测试报告，可用于安装布线系统时的文档备案和管理。这类测试仪有1个独特的功能，就是可以诊断常见的可导致布线系统传输能力受限制的缆线故障，该功能远远超出了验证测试仪的基本连通性测试。

鉴定测试仪处于中间地带，它比验证测试仪功能强大得多，它们的设计目的是操作者只需要极少的培训便可判断布线系统是否可以工作。

鉴定测试仪可以解决的问题是"布线系统是否能支持所选用的网络技术"，鉴定测试仪功能更全，使得网络工程师可在其帮助下诊断现有布线系统和对交换机端口进行维护。

对于网络工程师来说，布线系统没有备案的文档，而且需要知道该系统能否支持100Base-TX网络时，鉴定测试仪是完成这种工作最快速、最经济的选择。如果在现有的布线系统基础上进行少量的增减、移动、变更，或是搭建一个临时的网络只需要鉴定它是否支持某种特定的网络技术，鉴定测试就足够了。

（3）认证测试是缆线置信度测试中最为严格的。认证测试仪在预设的频率范围内进行多种测试，并将结果同TIA或ISO标准中的极限值相比较。这些测试结果可以判断链路是否满足某类或某级的要求。此外，验证测试仪和鉴定测试仪通常是以通道模型进行测试的，认证测试仪还可测试永久链路模型，永久链路模型是综合布线时最常用的安装模式。认证测试仪通常还支持光缆测试，提供先进的图形争端能力并提供内容更丰富的报告。另外，只有认证测试仪才能提供一条链路是"通过"或"失败"的判定能力。

认证测试仪可以解决的问题是"布线系统是否符合有关标准"这类仪器适用于布线系统的专业人员，以保证新的布线系统完全满足布线系统相关标准的要求。

当处于故障诊断的环境中时，需要依据 TIA 或 ISO 标准明确的显示被测试链路是否通过超 5 类或是 6 类的性能要求，那么认证测试仪就是唯一的选择。对于集成商，其需要向业主表明所有的链路都是正确安装的，则必须进行认证测试。如果要同时面对光缆和双绞线的布线测试工作，认证测试仪是最佳的选择。

验证、鉴定和认证测试仪的功能性比较见表 5-10。

表 5-10　　　验证、鉴定和认证测试仪的功能性比较

项　　目	验证测试仪	鉴定测试仪	认证测试仪
连通性与接线图	√	√	√
故障诊断：端点的位置	√	√	√
故障诊断：带宽失败处的位置	×	√	√
故障诊断：图形显示故障类型、位置和大小	×	×	√
缆线能支持的网络技术类型	×	√	√
结果文档	×	√	√
电缆遵守 TIA/ISO 标准性能要求	×	×	√
永久链路测试	×	×	√
支持光缆测试	×	×	√
使用的难易程度	低	中	高
价格	低	中	高

（二）Fluke DSP-100 测试仪

Fluke DSP-100 采用了专门的数字技术测试电缆，不仅完全满足 TSB—67 所要求的二级精度标准，而且还具有更强的测试和诊断功能。

测试电缆时，Fluke DSP-100 发送一个和网络实际传输信号一致的脉冲信号，然后其再对所采集的时域响应信号进行数字信号处理（DSP），得到频域响应。这样，一次测试就可替代上千次的模拟信号。

Fluke DSP-100 拥有极易使用的旋钮式操作界面，可选自动测试（按照所选标准一次完成）、单步测试（每个指标单独测试）、以太网业务量监测、打印设置（可存储 500 条测试结果）、仪器设置（测试标准、电缆类型、长度单位、蜂鸣、噪声电平、数据格式等）和特殊功能（校准、自检、电池储电情况、存储结果删除等）。

Windows 环境的软件可将存于 Fluke DSP-100 的结果传至 PC（ASCII 码或 CSV 格式），并可对测试结果进行处理和绘图分析，可用于仪器升级等。

测试项目由网络或选择的测试标准而定，如接线图、长度、传输时延、时延差、衰减、衰减/串扰比（ACR）、远端衰减/串扰比、特性阻抗、DC 环路电阻、回波损耗（RL）等。

Fluke DSP-100 测试仪由主机和远端单元组成，主机的四个功能键取决于当前屏幕显示：TEXT 键——自动测试；ENTER 键——确认操作；SAVE 键——保存测试结果；EXIT 键——从当前屏幕显示或功能退出。Fluke DSP-100 测试仪的远端很简单，RJ45 插座处有通过/未通过的指示灯显示。

快速测试时根据要求设置测试参数。

（1）将测试仪旋钮转至 SETUP。

（2）根据屏幕显示选择测试参数，选择后的参数将自动保存到测试仪中，直至下次修改。

（3）将测试仪和远端单元分别接入待测链路的两端。

（4）将旋转钮转至 AUTO TEST，按下 TEST 键，测试仪自动完成全部测试。

（5）按下 SAVE 键，输入被测链路编号，存储结果，全部测试结束后，可将测试直接接至打印机。打印可通过随机软件 DSP-LINK 与 PC 机连接，将测试结果送入计算机存储打印。如果在测试中发现某项指标未通过，则将旋钮转至 SINGLE TEST，根据中文速查表进行相应的故障诊断测试。查找并排除故障后，重新进行测试直至指标全部通过为止。测试中有必要的话，可选择某条典型链路测出其衰减与近端串扰对频率的特性图以供参考。

（三）Fluke 620 局域网电缆测试仪

Fluke 620 是唯一一种既不需要远端连接器又不需要安装人员在电缆另一端帮助的电缆测试仪。Fluke 620 使安装者在安装测试时运用自如。只要配上一个连接器，安装者通过 Fluke 620 便能立刻证实缆线的接法与接线。在电缆一端根本不需要任何端头、连接器或远端单元时，Fluke 620 就能从另一端测试出缆线中的开路、短路和至开路、短路处的距离及串绕现象。由于 Fluke 620 不必等到连接器全部安装好才测试，节省了大量的时间和资源。若电缆工厂需要一份每条电缆通道的连接性能测试证书，Fluke 620 能使工厂出具这份证书。因为 Fluke 620 能在缆线错误发生后立即被确认并纠正，因此工厂出具证书不再为在电缆修理和故障隔离上花费时间和精力。

1. 电缆测试

如果电缆安装人员再配一个电缆识别器，那么 Fluke 620 便可查出更多的错误（如双绞线的错对、接反等），并且能使电缆连接路径（走向）的识别变得极为容易。

2. 具体操作

Fluke 620 上有一个旋钮，用它可以选择被测试电缆的电缆类型、连线标准、电缆种类和缆线测试范围。

用户选择的菜单如下：

（1）长度单位选择（m 或 ft）。

（2）通过/未通过音响选择。

（3）调整对比度。

（4）对专用电缆进行校准。

旋钮选择开关的 3 种工作状态：

（1）测试提供被测电缆通过/未通过报告。如果未通过，Fluke 620 提供附加的诊断信息。

（2）长度测试表示电缆长度的准确测试。

（3）连接图显示了双绞线详细的连接状况。

3. 电缆长度

（1）范围：0.5～300m。

（2）分辨率：0.5。

（3）精度：±1m。

4. 电源

使用两节 AA 型 1.5V 的碱性电池，可连续工作 50h，使用背景灯将减少电池使用时间。由于产品具有自动电源管理功能，电池在正常使用下能工作几个月。

5. 输入保护

输入可承受电话振铃电压，过电压有警告声。

6. 随机附件

随机附件包括：用户手册、速查卡、便携软包、电缆识别器（1 号）、1 个 RJ45-RJ45 耦合插座、1 根 RJ45-RJ45 电缆（EIA/TIA4 对，5 类）。

7. 选购件

（1）N6210 电缆识别器 2～4 号。

（2）N6202 电缆识别器 5～8 号。

（3）N6203STP 电缆组件，包括连接 STP（IBM TYPE 1）电缆；IBM 数据连接器与 DB9 适配器，其中线长 1m；数据连接器与 RJ45 适配器，其中线长 0.3m。

选购件提供的功能见表 5-11。

表 5-11   选购件提供的功能

功　能	无识别器	有识别器
开路	√	√
开路定位	×	√
短路	√	√
短路定位	√	√
串接	×	√
反接	×	√
串绕	√	√
电缆长度	√	√
走向识别	×	√

（四）Fluke 652 局域网电缆测试仪

Fluke 652 以容易使用的旋钮代替复杂的多层次下拉菜单。

（1）自动测试。Fluke 652 可以自动进行一系列电缆测试，所有结果都与 IEEE 802 和 EIA/TIA—568 标准进行比较，并且显示通过或不通过信息，同时有声音提示。测试结果可以存入机内非易失存储器，并可由 RS-232 接口打印报告。

（2）业务量测试。Fluke 652 能监测处于工作状态的以太网，有声音及带状图实时显示网络业务量情况，包括最大值、平均值及碰撞百分率。对于 10Base 网，当其连接脉冲丢失或出现脉冲性错误时，可以检测出来。

（3）噪声测试。将 Fluke 652 接到空载的网络电缆上，可以统计超过某一电平的噪声（该电平可选）脉冲数，还可对电缆的抗噪声性能进行测试。

（4）专用电缆。Fluke 652 最多测试 14 种不同类型的局域网电缆。用户还可以设定两种专用电缆。

（5）打印功能。Fluke 652 最多可存储 500 个电缆测试结果及一个以太网业务监听报表和一个噪声测试报表。Fluke 652 备有 DB9P RS-232 接口，其速率为 1200～19200bps，支持 DT、

RD、CTS 和 DTR 信号。

（6）测试长度。

1）范围：同轴电缆 612 200m；非屏蔽双绞线 6600m。

2）精度：±读数％＋0.6m。

3）分辨率：0.6m。

4）显示单位：in 或 ft（1in＝0.0254m，1ft＝0.3048m）。

（7）衰减测试。

（8）近端串扰。测试双绞线间的相互干扰。当 NEXT 小于 20dB 时会警告用户可能有线间串扰。

（9）输入保护。输入承受电话振铃电压，过电压有警告声。

（10）电源。仪器使用 6 节 AA 型碱性电池或交流稳压输入。远端单元需 1 节 9V 电池。电池组能连续工作 8h。为节省电能，仪器有自动关闭功能。

（11）随机附件。随机附件包括：用户手册、便携软包、650 远端单元、AC 电源适配器、N6520 电缆组件。N6520 电缆组件包含 RJ45-RJ45 耦合器（2 个），RJ45 电缆（2 根），RJ45 带夹子电缆（2 根），同轴电缆（50Ω，BNC），打印电缆（DB9～DB25）。

（12）选购件。N6521 STP 适配器套件，包括 RJ45DB9（Female）电缆（0.3m），RJ45IBM 数据连接器电缆（1m）。

（五）Fluke 67X 局域网测试仪

Fluke 67X 系列网络测试仪是一种专用于计算机局域网络安装调试、维护和故障诊断的工具。它将高档、昂贵、较难使用的网络协议分析仪和简单、易用的电缆测试仪主要功能完美结合起来，形成一个新的网络测试仪器。由于 Fluke 67X 系列为手持电池供电型仪器，因此可携带它到网络的任何角落进行测试。即使在光线不足的地方（接线间、地下室等），Fluke 67X 系列的背景灯仍可保证工作不受影响。它可以迅速查出电缆、网卡、集线器、桥、路由器等的故障，而不需编程、解译成协议码，测试人员对网络协议可不必有深刻的了解。

Fluke 67X 网络测试仪分为 F670（令牌环网测试仪）、F672（以太网测试仪）和 F675（以太和令牌环网）3 种型号。

1. Fluke 67X 方便、易用

Fluke 67X 网络测试仪使局域网的安装、检错、监控变得方便、快速。只需几个按键就能将电缆、网卡、集线器等故障隔离出来，它还能分析网络的出错、碰撞或对业务量进行实际统计。Fluke 67X 是由两层菜单、五个功能键控制的。Fluke 67X 的HELP 功能键能方便地解释测试结果和显示网络问题的信息。所有的试验结果均以拼图或直方图的形式显示。这样的显示方式使测试结果直观、简明。与协议分析仪相同，Fluke 67X 提供了许多信息，例如综合统计（资源利用、错误情况、传送效率等）、连接测试和故障隔离。Fluke 67X 之所以易学易用是因为它舍去了规程分析仪的一些几乎不用又十分复杂的功能。同时，它也能进行电缆测试仪具有的常规测试，并且能进入网络找出网络电缆的故障。值得一提的是，Fluke 67X 有其特有的测试功能（专家测试、碰撞分析和不稳定检验），这些功能是当今市场上其他产品所无法提供的。

2. 网络监测

网络监测提供了一整套实时网络测试。

（1）网络统计。网络统计是对网络健康状况的整体评价，网络测试仪会对一些网络的关键参数进行统计，仪器将显示网络的利用率、碰撞率和广播通信，显示的结果有平均值、最大值和动态值。

（2）错误统计。仪器对网络的各种错误进行统计，包括帧超长、帧过短、错误 FCS、各种碰撞等。各种故障发生的比例用拼图来表示。故障发生的源地址可用放大功能"ZOOM"进行追踪，以显示更详细的信息。

（3）协议统计。仪器将显示网络当前运行最多的 7 个协议及使用的百分比，并显示其数值和饼图，可用放大功能来追踪进行相关协议的站点。

（4）碰撞分析。仪器对碰撞进行分类，如本地碰撞、延迟碰撞等。碰撞分类是帮助分析故障的区域，对于帧的前同步信号的碰撞和电缆中能量的聚集而造成的带宽挤占，协议分析仪和网管软件无能为力，而"LANMeter"对此却非常敏感。

（5）令牌转换。仪器计算令牌轮换一周的时间，显示最后的平均值和最大值，还可给出环网上活动的站点。

（6）顶端测试。顶端测试是显示最繁忙的 7 个站点，即发送和接收最多的站点。显示中给出站点的网卡地址及饼图。该功能可用于网络的评估并对网络的规划提供具体数据。

（7）硬件测试。硬件测试功能允许用户对网络硬件进行测试（例如集线器测试、介质访问单元测试和网卡测试）。由于测试不一定非得在工作的网络中进行，故 Fluke 67X 网络测试仪可以模拟网络工作来测试网卡。

（8）专家测试。专家测试是将仪器串接于网卡（站点）和集线器之间，仪器会自动对网卡和集线器分别进行测试并将两者连通，网卡和集线器也可分别详细测试。

（9）网卡自动测试。对于以太网，测试包括 MAC 地址、协议、驱动电压电平、FCS 错误（在 10Base-T 上连接脉冲的不正常和极性错误）。对于令牌环网，测试包括 LOBE、NIC 速度、MAC 地址和虚拟驱动电平。这个测试不需要在运行的网络上进行。

（10）集线器/介质访问单元测试。集线器/介质访问单元测试与网卡测试类似，它能检测已联网 IPX 和 IP 主机上的协议问题。在令牌环网上，介质访问单元复位测试能核实设备是否正常。

（11）相位抖动。测试非相位抖动的数量。可测那些很难发现的故障，例如响应时间慢、不能访问服务器等。

（12）电缆测试。"LANMeter"具有电缆测试功能，可用于检查开路和短路、串接、故障距离、特性阻抗等。此外还可以选择 UTP 5 类缆线测试选购件，从而检查电缆是否符合 UTP 5 类缆线的标准。

（13）流量发生器。流量发生器可用于测试网络的硬件，仪器在产生流量的同时进行网络统计、错误统计、碰撞分析、环站测试等。用户可利用光标键动态改变发送帧的速率和大小，还可以选择发送帧的协议类型和具体的接收站。

（14）Novell 测试。Novell 测试通过以下 4 点来诊断 Netware 的问题：

1）由 IPX 来核实用户机和服务器的连接。

2）NetWare 监测统计。

3）路由统计。

4）保存在 IPX 业务中业务量最高的轨迹。

（15）服务器列表。显示服务器的一个列表，包括 IPX 地址和响应时间。可利用帮助功能解决配置问题。

（16）NetWare Ping。显示 IPX 地址、IPX 网络数目和响应时间。显示有关文件请求、打印请求、数据包的路由和延迟的统计信息。通过"ZOOM"键可显示每种类型最繁忙的站。

（17）路由分析。显示路由业务量百分比（本地到本地，本地到远程，远程到远程）。通过"ZOOM"键可显示每种类型中最繁忙的站。

3. 网络维护软件 Health Scan（选购件）

配合网络测试仪，Fluke 67X 还提供一套软件用于网络数据分析和产生各类报告，网络测试仪可将网络的各种信息（例如站点列表、服务器列表、IP 地址列表、路由器列表及网络利用率、碰撞分析等）存储于机内，通过软件可以对这些数据进行分析，打印报告的表格。

4. TCP/IP 测试

TCP/IP 测试通过以下 3 点来诊断与 IP 相关的问题：

（1）由 IP 路由器来核实连接。

（2）ICMP 监测统计。

（3）保存在 IP 业务中最繁忙的站。

1）ICMP 监测：显示被发现的关键性 IP 事件数，包括重定向、无法到达目的地、超过。通过"ZOOM"键可显示每种类型的站。

2）ICMP ping：显示 IP 地址、MAC 地址和响应时间。

5. 数据存储和打印

LANMeter 67X 允许用户存储多种类型的信息和测试结果。这些信息可以完全载入微机或重查显示。所有存储的信息均包括测试名称、测试时间和日期。

6. 数据记录

网络统计和错误统计的测量结果都可按用户规定的间隔时间显示出来，最长间隔为 5 天。

7. 屏幕打印

网络测试仪上所有的屏蔽图案都能捕获到图形文件或直接打印。另外，屏幕内容与卷动的文本视窗能像 ASCII 文件一样存档。

8. 站点列表

每个站点的列表项目由下列各项输入：有确切符合名称的 MAC、IP 和 IP 地址。这些站点列表可以输入和输出到 PC 机，并且可以把确定的 Novell 和 Unix 指令的输出作为输入。

9. 基本规格

（1）体积：16.3m×29.2m×5.60m（宽×高×深）。

（2）质量：2kg。

（3）电池：可充电电池，使用 AC 电源（100～240V，50～60Hz）充电，平均连续使用 3h，充电时间 3h。

（4）保修期：一年。

（六）OptiView Ⅱ系列集成式网络分析仪

OptiView Ⅱ系列集成式网络分析仪可快速透视整个网络，更快速和智能地解决当今网络中的问题。它将网络分析和监测能力结合在一起，仅使用这台电池供电、便携的测试仪，就可帮助用户完整地透视整个网络。

OptiView Ⅱ系列集成式网络分析仪主要有以下特点：

（1）迅速获得完整的网络可视性。

（2）将七层协议分析、主动搜寻、SNMP设备分析、RMON2流量分析和物理层测试能力综合于一个可移动的测试仪中。

（3）测试仪的设计和用户接口使其既可以作为手持式的工具使用，也可以半固定地接入网络链路中进行测试。

（4）Web远程分析允许多达7个用户同时遥控一台仪器。

（5）具有无线网、广域网、VLAN及专家分析选购件。

（七）DSP-4000系列数字式电缆分析仪

DSP-4000系列数字式电缆分析仪有4300、4000PL以及4000三种型号可供选择，它能够快速准确地测试高性能的超5类、6类电缆链路及光缆链路。频率可达350MHz的高带宽测试能力、高级的诊断功能及详尽的测试报告。

DSP-4000系列数字式电缆分析仪可提供一套完整的测试、验证电缆和光缆并进行文档备案的方案，其主要特点有：

1. 通道及流量测试

DSP-4300数字式电缆分析仪所带的6类通道适配器，由于使用了远端连接补偿技术，性能进一步增强，可以得出更精确的通道测试结果。6类适配器中的通道/流量适配器与DSP配合使用可以对网络诊断及故障排除执行流量监测，使用其可监测10BASE-T和100BASE-TX以太网的网络流量，检查和测量脉冲噪声。该适配器也可帮助识别HUB端口的连接，检测这些连接所支持的标准。以前，通道/流量适配器只作为一个选购件，而现在标准的DSP-4300包装中则包含了该适配器。

2. 功能强大的故障诊断

时域测量的另一个优点是强大的故障诊断能力，只需轻触按键，就可迅速得到精确的、图形化的故障诊断信息，同时给出精确的故障点。

3. 网络流量监测

为了辅助检测网络利用率，DSP-4000 系列测试仪可监测 10BASE-T 和 100BASE-TX 等以太网的流量，监测双绞线上的脉冲噪声，识别所有 HUB 端口连接，并判断 HUB 端口所支持的标准。另外，脉冲噪声功能还可检测和排除噪声，包括来自被测链路之外的串扰所产生的干扰。

4. 故障诊断功能

DSP-4000 系列数字式电缆分析仪能够帮助迅速地识别和定位被测链路中的开路、短路和连接异常等问题。只需要轻按故障信息键（FAUL-INFO），DSP-4000 便开始自动测试链路的故障并以图形方式显示故障在链路中的位置，利用高精度时域串扰和高精度时域反射技术，DSP-4000 能够找出链路中串扰的具体位置并给出故障点与测试仪的准确距离。

5. 快速的光缆测试

DSP-4000 系列数字式电缆分析仪能测试和认证单模、千兆和多模光缆布线系统的全线光缆测试适配器产品。DSP 光缆测试适配器能够：

（1）同时在两个波长测试两条光缆并自动存储测试结果。

（2）双向测试被测光缆并将结果存储记录。

（3）使用电缆管理软件进行全面的数据管理和报告生成。

（4）验证光缆连通性，测定配线架上光缆连接的接头。

（5）自动测试损耗、长度和传输时延。

（6）通过光缆和远端进行通话。

（7）跟踪测试过程中最大和最小的功率输出。

（8）可承受测试中的跌落和其他意外事件。

6. DSP-FTA440S 千兆比多模光缆测试适配器

DSP-FTA440S 光缆测试适配器是世界上第一种基于 VC-SEL 的双光缆测试适配器，它可测试运行千兆比以太网的多模光缆。FTA440S 使用波长为 850nm 的 VCSEL 光源以及一个波长为 1310nm 的 FP 激光光源，它可以准确地测量出光缆损耗以及光缆长度（最长 5000m），并确保符合千兆以太网标准。

7. DSP-FTA430S 单模光缆测试适配器

专门为已安装的单模光缆所设计的 DSP-FTA430S 光缆测试适配器，可在 1310nm 和 1550nm 的波长下自动进行双光缆损耗的测试和认证。它可以测量最长为 10 000m 的光缆并可确保符合应用标准。由于 DSP-FTA430S 使用与网络传输设备同样的激光光源，因而能够提供准确的测试结果。

8. DSP-FTA420S 多模光缆测试适配器

DSP-FTA420S 光缆测试适配器可以简便、准确地测量使用 LED 光源的多模光缆的损耗及长度。增强的动态范围功能可以同时测试波长为 850nm 和 1300nm 多模光缆，最远可达 5000m。

9. 灵活的测试报告

Fluke 网络的 LinkWare 电缆管理软件提供了几个选项，利用它们可以为客户提供测试结果的信息，包括：

（1）图形测试报告，用彩色图形描述当 DSP-4300 测试频率从 1～350MHz 的所有被测量参数。

（2）文本格式的数字式汇总测试报告（最坏的情况及最差的数据点）。

（3）提供所有被测电缆链路的列表汇总报告，包含一些关键信息。

10. 自动链路识别功能

在电缆认证测试过程中，LinkWare 电缆管理软件可自动识别链路名称，节省了在测试现场的时间和精力。可以设定一组链路的起始和结束名称，测试仪将自动根据一些简单规则在这组链路中循环测试。链路的 ID 号及名称由字符域或字符组构成。链路名称最多可包含 18 个字符。在设置链路名称时，有的部分可设定为固定字符，而其他部分可按照规则进行变化。

11. 基于 Windows 的用户界面

LinkWare 的用户界面基于 Windows 操作系统，简单易用。

12. 完整的 UTP Cat 5 自动测试

包括 6 种组合的近端串扰双向测试，只需大约 10s 的时间。

13. 支持测试（测试项目由所选的网络或标准来决定）

近端串扰，远端的近端串扰；接线图；特性阻抗；长度；直流环路电阻；传输时延；时延偏离；回波损耗，远端的 RL；衰减；衰减/串扰比，远端的衰减/串扰比；综合衰减/串扰比，远端的综合衰减/串扰比；等效远端串扰，远端的等效远端串扰；综合等效远端串扰，远端的综合等效远端串扰；综合的近端串扰，远端的综合近端串扰。

14. 局域网流量

（1）监视器通过声音指示流量。

（2）通过 RJ45 插座监测 10BASE-T 以太网流量。

（3）通过 RJ45 插座监测 100BASE-TX 以太网流量。

（4）通过 RJ45 插座自动识别 10BASE-T 和 100BASE-TX。

（5）可使 10BASE-T，10/100BASE-TX 或 100BASE-TX 的 HUB 端口的链路指示灯闪亮。

15. 电缆音频发生器

内置音频发生器可通过手持式音频探测器进行探测。

16. 显示

带有背景灯且对比度可调的图形点阵式液晶显示屏。

17. 测试连接

可变（取决于所用的链路连接适配器）。

18. 输入保护

耐连续电话电压和 100mA 过电流，偶尔的 ISDN 过电压不会对仪器造成损害。

19. 主机与智能远端单元

（1）可充电 NiMH 电池，7.2V，3400mAH。

（2）电池典型工作时间 10～12h，充电时间为 4h。

（3）可在仪器中充电（开机或关机都可）。

20. 语言支持

中文、英文、法文、德文、日文、韩文、葡萄牙文、西班牙文和意大利文。

（八）DSP FTK 光缆测试工具包

DSP FTK 光缆测试工具包的功能主要包括：

（1）用于测量室内和局域网光缆的光功率和功率损耗。

（2）检测光缆性能。

（3）操作简单。在光功率表上选择测量的波长（850、1300nm 和 1550nm），测试仪就开始测量、显示并存储测试结果。

（4）测试选择。使用 DSP-FOM 光功率表测量光功率（dBm 或 mW），也可测量光功率损耗（dB）。光功率损耗（或衰减）是指在光缆链路的端点测量光的能量（输出）并且与参考的输入（光源）进行比较。该损耗测量减去了测试连接光缆的损耗，提供了光缆链路的真实损耗。使用者可自定义通过/不通过的测试限以及测试的方向（A—B 或 B—A）。

（5）通过 PC 或打印机直接生成测试报告。可以通过 DSP 系列电缆测试仪记录和存储铜缆或光缆的自动测试报告。每个报告可指定唯一的用户自定义标签，并且可下载至 PC 或直接打印到串口打印机上。测试报告包括波长、测量的损耗值、损耗测试限、测试方向及参考值。光缆测试结果可以命名并存储至测试仪的存储器中。

（九）WireScope 155 测试仪

WireScope 155 测试仪是 HP 公司的产品，性能主要面向超 5 类高速网络维护和综合布线工程验收工作，其大小与万用表相同，携带方便。对基本的电缆问题，单向测试即可确定故障类型和位置。完成一条电缆链路的双端完整测试只须 13.7s，橡胶防跌护套和背光液晶图形显示屏极适合现场操作，3h 充电可供 8h 连续使用。

WireScope 155 测试仪是双向型仪器，完全抛弃了落后的单向测量方式。它能测试电缆影响网络运行的各种指标，如综合功率串扰、衰减、回流损耗、同级远端串扰、延迟偏差、ATM-SNR 等，其中光纤模块可用于测试损耗、长度、传播延迟等，已经包含了下一代电缆的测试项目。仪器自身存储了各种验收标准和应用标准规范，其操作程序将所需测试的项目和过程集成在一个"START"键上，一次按键便可完成缆线的整个测试过程，十分方便。自动测试后，测试仪还将把测试结果与规范值进行比较，如有错误将指出故障类型和发生的位置，如果没有错误则报告缆线的等级评测和稳定裕量。WireScope 155 测试仪可存储500 条测试结果，使用户能在测试完成后迅速恢复网络连接，然后再慢慢逐条分析每条电缆的质量。

WireScope 155 测试仪如果配上 Fiber Smartprobe 光纤模块，便真正地提供了现代高速网络测试的全面解决方案。该系列模块用局域网和城域网的光纤布线质量验证或维护，可验证单模和多模光纤，波长分别为 850、1300、1310、1550nm，每次可测单根或成对光纤，不仅可测传播衰减，还能测量光纤长度和传播延迟等。

（十）TEXT-ALL25 测试仪

大对数电缆多用于综合布线系统的语音主干线，它比 4 对双绞线使用要多得多，建议不要采用它作为数据传输主干线。测试时，例如 25 对缆线，一般有两种测试方法：用 25 对线测试仪测试或分组用双绞线测试仪测试。

TEXT-ALL25 测试仪是一个自动化的测试系统，它可在无源电缆上完成测试任务。TEXT-ALL25 测试仪可同时测 25 对线的连续性、短路、开路、交叉、有故障的终端、外来的电磁干扰和接地中出现的问题。要测试的导线两端各接一个 TEXT-ALL25 测试仪，用这两个测试仪共同完成测试工作，在它们之间形成一条通信链路，如图 5-8 所示。

（十一）光功率计与稳定光源

光功率计用于测量绝对光功率或通过一段光纤的光功率相对损耗。在光纤系统中，测量光功率是最基本的。与电子学中的万用表非常相似，在光纤测量中，光功率计是重负荷常用表，光纤技术人员应人手一个。通过测量发射端机或光网络的绝对功率，

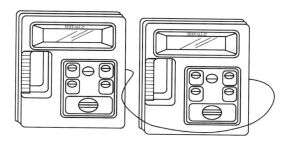

图 5-8 使用 TEXT-ALL25 测试器端测试

一台光功率计就能够评价光端设备的性能。例如光功率计可用于测量激光光源和 LED 光源的输出功率。将光功率计与稳定光源组合使用，则能够测量连接损耗、检验连续性，并帮助评估光纤链路传输质量，用于确认光纤链路的损耗估算，其中最重要的是测试光学元器件（光纤、连接器、接续子、衰减器等）的性能指标。

稳定光源对光系统发射已知功率和波长的光。稳定光源与光功率计结合在一起，可测量光纤系统的光损耗。对于现成的光纤系统，通常也可将系统的发射端机当作稳定光源。如果端机无法工作或没有端机，则需要单独的稳定光源。

稳定光源的波长应尽量与系统端机的波长保持一致。在系统安装完毕后，经常需要测量端到端损耗，以便确定连接损耗是否满足设计要求，例如测量连接器、接续点的损耗以及光纤本体损耗。

（十二）光万用表

光万用表用于测量光纤链路的光功率损耗，它可分为两种：一种是由独立的光功率计和稳定光源组成的经济型组合光万用表；另一种是由光功率计和稳定光源结合为一体的集成光万用表。

在短距离局域网中，端点距离在步行或谈话之内，技术人员可在任意一端成功地使用经济型组合光万用表，一端使用稳定光源另一端使用光功率计。对于长途网络系统，技术人员应该在每端装备完整的组合或集成光万用表。

（十三）光时域反射仪及故障定位仪

光时域反射仪（OTDR）表现为光纤损耗与距离的函数。借助于 OTDR，技术人员能够看到整个系统轮廓，识别并测量光纤的跨度、接续点和连接头。在诊断光纤故障的仪表中，OTDR是最经典，且最为昂贵的仪表。与光功率计和光万用表的两端测试不同，OTDR 仅通过光纤的一端就可测得光纤损耗。OTDR轨迹线给出了系统衰减值的位置和大小。

OTDR 可被用于测试任何连接器、接续点、光纤异形或光纤断点的位置及其损耗大小。主要用于以下三个方面的测试应用：

（1）在敷设前了解光缆的特性，如长度和衰减。

（2）得到一段光纤的信号轨迹线波形。

（3）在问题增加和连接状况每况愈下时，定位严重故障点。

故障定位仪是 OTDR 的一个特殊版本，故障定位仪可自动发现光纤故障所在，而不需 OTDR 的复杂操作步骤，其价格也只是 OTDR 的几分之一。

选择光纤测试仪表，一般需考虑四个方面的因素，即确定系统参数、工作环境、比较性能要素、仪表所确定的系统参数工作波长（nm），三个主要的传输窗口为 850、1300nm 及 1550nm。

光源种类（LED 或激光）在短距离应用中，由于经济实用的原因，大多数低速局域网（<100Mb/s）通常使用 LED 光源，大多数高速系统（>100Mb/s）使用激光光源长距离传输信号。

第三节 综合布线系统工程电气测试

一、综合布线系统工程电气测试的范围

国家标准 GB 50312—2007《综合布线系统工程验收规范》中提出的综合布线工程电气性能测试范围主要包括电缆系统电气性能测试和光纤系统性能测试两部分。其中，电缆系统测试项目

和内容应根据综合布线系统的信道或链路的设计等级和综合布线系统的类别要求制定。各项测试结果应有详细记录，并作为竣工技术资料的一部分交由建设单位保管和使用。测试记录所体现的测试内容和范围及表示形式见表 5-12 和表 5-13。它们分别是电缆和光缆的性能指标测试记录表格形式。

表 5-12　　综合布线系统工程电缆（链路/信道）性能指标测试记录

序号	工程项目名称			项　目							记录
	编　号			内　容							
				电缆系统							
	地址号	缆线号	设备号	长度	接线图	衰减	近端串音	…	电缆屏蔽层连通情况	其他任选项目	
	测试人员、日期及测试仪表型号、测试仪表精度										
	处理情况										

表 5-13　　综合布线系统工程光缆（链路/信道）性能指标测试记录

序号	工程项目名称			内　容								记录
	编　号			光缆系统								
				多模光纤				单模光纤				
				850nm		1300nm		1310nm		1550nm		
	地址号	缆线号	设备号	衰减（插入损耗）	长度	衰减（插入损耗）	长度	衰减（插入损耗）	长度	衰减（插入损耗）	长度	

工程项目名称			内　　容									
序号	编　　号			光缆系统								记录
				多模光纤				单模光纤				
	地址号	缆线号	设备号	850nm		1300nm		1310nm		1550nm		
				衰减(插入损耗)	长度	衰减(插入损耗)	长度	衰减(插入损耗)	长度	衰减(插入损耗)	长度	
	测试人员、日期及测试仪表型号、测试仪表精度											
	处理情况											

二、电缆系统的测试类型

目前，现行的国内标准或规范中主要体现了 3 类、5 类、5e 类和 6 类布线系统的电气测试内容，具体内容和要求因电缆类别不同而有所区别。

（一）3 类、5 类电缆布线系统

在现有的综合布线系统工程中，3 类、5 类电缆布线除作为支持语音主干缆线的应用外，在水平部分已不常使用或基本不用。但在原有综合布线系统中仍存在 3 类、5 类布线，当需要扩容或整改时，仍需要检测其电气性能，检测内容应按我国国内标准 GB 50312—2007《综合布线系统工程验收规范》或国外 TIA/EIA—568A《商业建筑电信布线标准》要求进行。

3 类和 5 类水平链路按照基本链路和信道测试，项目内容及性能指标应符合要求，基本链路的连接方式应符合图 5-9 所示。

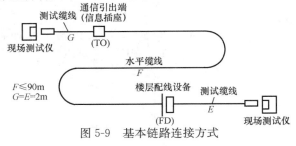

图 5-9　基本链路连接方式

此外，对大对数主干电缆（一般采用 3 类或 5 类）以及所连接的配线模块可按基本链路的连接方式进行 4 对线的线对长度、接线图、衰减的测试，近端串音测试的结果，其指标值不得低于 3 类、5 类 4 对对绞电缆综合布线系统所规定的数值。

（二）5e 类和 6 类电缆布线系统

5e 类和 6 类电缆综合布线系统的工程电气测试内容主要有永久链路和信道，其具体内容如下：

（1）接线图主要测试水平电缆终端连接在工作区或电信间配线接续设备接插件接线端子间（即 8 位模块式通用插座）的安装连接是否正确。正确的线对组合为：1/2、3/6、4/5、7/8，分为非屏蔽和屏蔽两类。对于非 RJ45 插座的连接方式，应按相关规定办理，并列出现场测试结果。

（2）布线链路（及信道缆线）长度应在测试连接图所要求的极限长度范围之内。

三、电缆链路和信道的测试方法

综合布线系统电缆链路和信道的测试方法分为非屏蔽电缆和屏蔽电缆两种类型。

（一）非屏蔽电缆链路和信道的测试方法

综合布线系统工程非屏蔽电缆的电气测试方法，除 3 类、5 类电缆布线系统采用基本链路测试方法外，5e 类、6 类和 7 类电缆综合布线系统采用永久链路和信道的测试方法，它们的连接方式和测试范围是有区别的。5e 类、6 类和 7 类电缆布线链路和信道的测试方法如下所述：

1. 永久链路模型

适用于测试固定链路（包含有水平电缆及相关连接器件）的性能。永久链路的连接方式如图 5-10 所示。

2. 信道模型

在永久链路连接模型的基础上，包括了工作区和电信间的设备电缆和跳线在内的整个信道性能。信道连接方式如图 5-11 所示。

信道的段落包括：最长 90m 的水平缆线、通信引出端（又

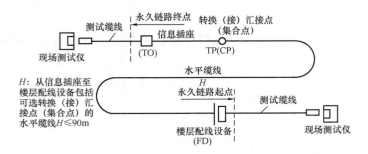

图 5-10　永久链路连接方式

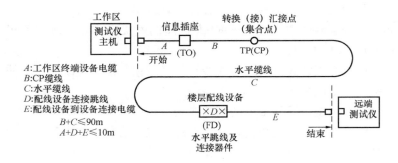

图 5-11　信道连接方式

称信息插座）、转换（接）汇接点（集合点）、电信间的配线接续设备、跳线、设备缆线，其总长度不得大于 100m。

（二）屏蔽电缆的测试方法

综合布线系统只有在投入实际运行的环境后，才能检验出其电磁特性是否符合电磁兼容标准。网络的电磁特性受到综合布线系统本身的平衡和屏蔽参数的影响，对于它的特性要求和测试方法，国际上正在制定相关的标准和规定，目前不具备现场测试条件。现场测试仪只能对屏蔽电缆屏蔽层两端做导通测试，所以屏蔽电缆的测试方法在国内外标准中都规定得比较简略。

四、光纤链路测试方法

在光纤链路测试前，应对所有的光连接器件进行清洗，力求干净整洁，并将测试接收器校准到零位。

（一）光纤链路的测试内容

1. 光纤的连通性

在施工前应进行光纤光缆等器材的检验，一般要检查光纤的连通性，避免光缆中有断纤的产品混入工程，必要时应采用光纤损耗测试仪（稳定光源和光功率计组合）对光纤链路的插入损耗和光纤长度进行测试。

2. 光纤的衰减

对光纤链路（包括光纤、连接器件和熔接点）的衰减进行测试，同时测试光跳线的衰减值，可作为设备连接光缆的衰减参考值，整个光纤信道的衰减值应符合设计要求。光纤链路测试方法的连接图如图 5-12 所示。

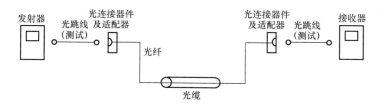

图 5-12　光纤链路测试连接图（单芯）

（二）光纤链路的测试方法和有关指标

（1）在两端对光纤逐根进行双向（收与发）测试，连接方式如图 5-12 所示。

（2）图 5-12 中，光缆可以是水平光缆、建筑物主干光缆和建筑群主干光缆。

（3）光纤链路中不包括光跳线在内。

（三）光纤系统的技术指标

（1）光缆系统所采用光纤的性能指标及光纤信道应符合设计要求，不同类型的光缆标称的波长、每千米的最大衰减值应符合表 5-14 的规定。

表 5-14 最大光缆衰减

项目	OM1、OM2 及 OM3 多模		OSI 单模	
波长（nm）	850	1300	1310	1550
衰减（dB）	3.5	1.5	1.0	1.0

（2）光缆布线信道在规定的传输窗口测量出的最大光衰减（介入损耗）应不超过表 5-15 的规定，该指标已包括接头与连接插座的衰减在内。

表 5-15 光缆信道衰减范围

级 别	最大信道衰减（dB）			
	单模		多模	
	1310nm	1550nm	850nm	1300nm
0F-300	1.80	1.80	2.55	1.95
0F-500	2.00	2.00	3.25	2.25
0F-2000	3.50	3.50	8.50	4.50

注 每个连接处的衰减值最大为 1.5dB。

（3）多模光纤的最小模式带宽应符合表 5-16 中的规定。

表 5-16 多模光纤模式带宽

光纤类型	光纤直径（μm）	最小模式带宽（MHz·km）		
		过量发射带宽		有效光发射带宽
		工作波长（nm）		
		850	1300	850
OM1	50 或 62.5	—	500	—
OM2	50 或 62.5	500	500	—
OM3	50	1500	500	2000

（4）国内标准的光纤链路损耗参考值见表 5-17。光纤链路的插入损耗极限值也可用下列公式计算。

光纤链路损耗＝光纤损耗＋连接器件损耗＋光纤连接点损耗

$$(5-2)$$

式中 光纤损耗——光纤损耗系数（dB/km）×光纤长度（km）；

连接器件损耗——连接器件损耗/个×连接器件个数；

光纤连接点损耗——光纤连接点损耗/个×光纤连接点个数。

表 5-17 光纤链路损耗参考值

光纤链路种类	多模光纤	多模光纤	单模室外光纤	单模室外光纤	单模室内光纤	单模室内光纤	连接器件衰减（dB）	光纤连接点衰减（dB）
工作波长（nm）	850	1300	1310	1550	1310	1550	—	—
衰减系数（dB/km）	3.5	1.5	0.5	0.5	1.0	1.0	0.75	0.3

（5）所有光纤链路测试结果应有记录，记录存放在管理系统中并纳入文档管理。

光纤现场测试仪应根据网络的应用情况，选用相应的光源（LED、VCSEI、LASER）和光功率计或光时域反射仪（OTDR）。测试所选光源应与网络应用保持一致，光源的选用可参照表 5-18。

表 5-18 常见光源比较

光源类型	工作波长（nm）	光纤类型	带宽	元器件	价格
LED	850	多模	>200MHz	简单	便宜
LASER	850、1310、1550	单模	>1GHz	复杂	昂贵
VCSEL	850	多模	>5GHz	适中	适中

五、工程电气测试的记录和对测试仪表的精度要求

（一）电气测试记录

综合布线系统工程电气测试记录必须如实地全面反映其客观实际情况，以便维护管理和检测修理。它作为竣工资料中的重要部分，必须加以重视，翔实地记载，除记录通过（或成功、有效）和失败（或无效）次数外，还应将技术性能指标参数的测试值记录在相关的技术管理文档中。电缆或光缆测试记录的内容和

表现形式可分别见表 5-12 和表 5-13。

（二）对测试仪表的精度要求

国家标准 GB 50312—2007《综合布线系统工程验收规范》对电缆及光纤布线系统的现场测试仪表提出以下要求：

（1）测试范围和测试对象与测试仪表有关。因此，在选用测试仪表时，应考虑测试仪表的功能、使用方法、测试内容、仪表的精度、采用的电源等因素必须符合测试的目标和要求。

（2）测试仪表的精度应定期检测。在每次现场测试前，仪表厂家应出示测试仪表的精度的有效期限的证明，如无证明，应对仪表进行检验，证实合格后才能使用。

（3）现场测试仪应能测试对绞电缆及光纤布线系统的信道和链路的技术性能指标。要求针对不同的布线信道和链路等级，现场测试仪应具有相应的精度。按照国内标准规定，用于 5 类对绞电缆综合布线系统应不低于 2 级精度；用于 5e 类对绞电缆综合布线系统应不低于 2＋级精度；用于 6 类电缆综合布线系统应不低于 3 级精度；用于 7 类电缆综合布线系统应不低于 4 级精度。

现场电气性能测试仪表的精度可以参考 EIA/TIA—568B《商业建筑电信布线标准》中的参数确定。

测试仪表应具有测试结果的保存功能，并提供输出端口，以便将所有存储的测试数据输出至计算机和打印机。测试数据和测试结果必须保证不被修改，正确反映真实情况，以便于维护检修和文档管理。测试仪表应提供所有测试项目和内容概要的详细报告。测试仪表应提供汉化（中文）通用的人机界面，以便于操作人员使用。

根据国家标准 GB 50312—2007《综合布线系统工程验收规范》中的条文说明并按照光缆系统的相关测试标准规定，光纤链路测试分为等级 1 和等级 2。

（1）等级 1。要求光纤链路都应测试光纤链路的衰减（插入损耗）、长度及极性。等级 1 测试使用光缆损失测试器（OLTS 为光源与光功率计的组合）；测量每条光纤链路的插入损耗及计算光纤长度，使用 OLTS 或可视故障定位仪验证光纤的极性。

（2）等级 2。除了包括等级 1 的测试内容外，还包括对每条光纤做出 OTDR 曲线。等级 2 测试是可选的。

在国家标准 GB 50312—2007《综合布线系统工程验收规范》中规定了工程的验收测试形式。其中，自检测试是由施工单位进行的，主要验证综合布线系统的连通性和终端连接的正确性；竣工验收测试则由测试部门根据工程的类别，按综合布线系统标准规定的连接方式，完成性能指标参数的测试。

第四节　电缆测试技术

一、电缆验证测试

电缆验证测试是测试电缆的基本安装情况。例如电缆有无开路或短路，UTP 电缆的两端是否按照有关规定正确连接，同轴电缆的终端匹配电阻是否连接良好，电缆的走向如何等。这里要特别指出的一个特殊错误是串绕。所谓串绕就是将原来的两对线分别拆开而又重新组成新的绕对。由于这种故障的端与端连通性是好的，因此用万用表是查不出来的。只有用专用的电缆测试仪（如 Fluke 的 620/DSP100）才能检查出来。串绕故障不易被发现是因为当网络低速度运行或流量很小时其表现不明显，而当网络繁忙或高速运行时其影响极大。串绕会引起很大的近端串扰。电缆的验证测试要求测试仪器使用方便、快速。例如 Fluke，它在不需要远端单元时就可完成多种测试，因此它为用户提供了极大的方便。

（一）验证测试内容

验证测试主要是测试缆线及连接件的连接性能，包括连接是否正确等。主要是进行开路、短路和接线图测试。

电缆施工中常见的连接故障包括电缆标签认错，连接不良或开路、短路，电缆与信息插座间接线图错误（它包括错对、极性反接、串绕等）等，如图 5-13 所示。

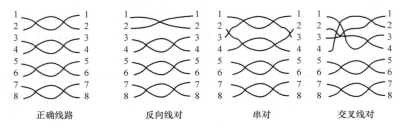

图 5-13　正确与不正确的接线

这些故障的特征及原因是：

（1）开路、短路。通常是在施工时使用工具不当或接线技巧问题所致，也可能是由于管内、墙内穿线工艺不良造成的。

（2）反向线对，又称反接。将同一对线在两端针位接反，一端为 1 和 2，另一端为 2 和 1。

（3）交叉线对，又称错对。将一对线错接到另一端的另一对线上，如一端是 1 和 2，而另一端错接在 3 和 6 针上。

（4）串对，又称串绕。由于串绕使相关的线对没有扭结，在线对间信号通过时会产生很高的近端串扰。当信号在电缆中高速传输时，产生的近端串扰如果超过一定的限度就会影响信息传输。对计算机网络来说就意味着这会因产生错误信号而浪费有效的带宽，会产生很严重的影响。

避免串绕的方法很简单：施工中，在打线时根据电缆色标按照 T568A 或 T568B 的接线方法端接就不会出现串绕问题。有的施工人员在打线时，并不清楚要参照什么样的标准，想当然地按 12345678 的线对关系打上（这个问题在实际综合布线中还经常出现），结果就产生了串绕问题，这个问题应该引起施工和监理单位的重视。

（二）验证测试方法

使用电缆测试仪（如 DSP4000 系列）或单端电缆测试仪（如 F620）进行随工测试。随工测试就是边施工边测试，这样既可保证质量又可提高施工速度。采用单端电缆测试仪对刚完成的一条电缆进行连接测试时，不需要远端单元。这种测试可以确定电缆及其连接是否存在连接故障。

在连接工作区信息插座接线时，做完一个接头，插座还没有被钳入墙上接线盒前，这时用测试仪检验电缆的端接情况，如果发现问题便可找出连接故障并立刻改正。改正后用测试仪再次验证连接的正确性。若要等施工完毕后再测试，发现这种连接错误并修改它所需要花费的时间将至少是其 10 倍以上。

安装人员在工作区信息插座端工作时，所连接和测试的电缆另一端可能还在配线架上尚未端接。采用单端测试仪，安装人员便可确认在每一个信息插座的连接都是正确的。这样的安装测试过程称为随工测试。无论是在配线架还是在工作区，这种随工测试的安装过程都贯穿于每一个连接或终接的工作中，它不仅保证了线对的安装正确，还保证了电缆的总长度不会超过综合布线的要求。当所有的连接和终接工作都完成时，连通测试也就基本完成了。这种施工与测试相结合的方法，为认证节省了大量的时间。一般来说采用双绞电缆及相关连接硬件组成的通道，每一条都有 3～4 个连接处。当一条通道安装好后再想找出某一个连接点的问题时就很困难了。随工测试技术将简单快捷的测试工作引入了安装过程，可以在布放电缆的任何时刻进行连接性能测试。

二、电缆认证测试

电缆认证测试是指电缆除了正确的连接外，还要满足相关的标准，即安装好的电缆电气参数（例如衰减、NEXT 等）是否达到有关规定所要求的指标。这类标准有 TIA、IEC 等。关于 UTP5 类线的现场测试指标已于 1995 年 10 月正式公布，这就是 TIA—568A 和 TSB—67 标准。该标准对 UTP5 类线的现场连接和具体指标都做了规定，同时对现场使用的测试器也做了相应的规定。对于网络用户和网络安装公司或电缆安装公司都应对安装的电缆进行测试，并出具可供认证的测试报告。

（一）认证测试内容

1. 5 类电缆系统的测试内容

GB 50312—2007《综合布线系统工程验收规范》针对 5 类

双绞线系统工程测试内容将其分为基本测试项目和任选测试项目。基本测试项目有长度、接线图、衰减、近端串扰 4 项内容。这 4 项内容必须进行认证测试并符合标准要求。

任选测试项目有衰减对串扰比、环境噪声干扰强度、传播时延、回波损耗、特性阻抗、直流环路电阻等内容，这些内容可根据工程的具体情况和用户的要求及现场测试仪表的功能、施工现场具体条件等情况有选择地进行测试，并做好相应记录。

2. 超 5 类电缆系统的测试内容

ANSI/TIA/EIA—568—5—2000 和 ISO/IEC 11801：2000 是正式公布的超 5 类 D 级双绞电缆系统的现场测试标准，也有符合该标准Ⅱe 级精度要求的测试仪（如 Fluke DSP—4000 系列）。超 5 类电缆系统测试内容，除了 5 类电缆系统上述 4 项内容外，还有回波损耗、衰减/串扰比、综合近端串扰、等效远端串扰、综合远端串扰、传输延迟（Prop Delay）、延迟偏离、环路电阻、阻抗等。

3. 6 类双绞电缆系统测试标准及内容

如前所述，ANSI/TIA/EIA 56882.1（草案）和 ISO/IEC 11801：2000＋（草案）都处于草案阶段，虽然产品厂商和少数工程按此草案运作，但仍有待以正式公布的两个 6 类标准作为实施依据。不同类型电缆系统测试参数的差别见表 5-19。

表 5-19　　　不同类型电缆系统测试内容（参数）的比较

参　　数	5 类电缆系数	超 5 类电缆系数	6 类电缆系数
系统频率带宽（MHz）	100	100	250
接线图	不变	不变	不变
长度	不变	不变	不变
衰减	不变	不变	更严格
近端串扰	不变	更严格	更严格
传输延迟	新参数	不变	不变
延迟偏离	新参数	不变	不变

参　　数	5类电缆系数	超5类电缆系数	6类电缆系数
综合近端串扰	不要求	新参数	更严格
回波损耗	新参数	不变	更严格
等效远端串扰	新参数	更严格	更严格
综合等效远端串扰	新参数	更严格	更严格

关于工程测试中，怎样掌握超5类、6类电缆系统的测试标准。虽然现场测试具体内容不包括在 GB 50312—2007《综合布线系统工程验收规范》之中，但它明确了5类以上电缆系统现场测试具体内容不包括应在原5类布线测试项目基础上增测的几个项目，并明确参照 YD/T 1013—2013《综合布线系统电气特性通用测试方法》所规定的内容和测试要求进行。按照上述思路，对于超5类系统工程的测试标准可按照 ANSI/TIA/EIA—568—5—2000 和 ISO/IEC 11801：2000 标准执行。

关于6类系统工程测试标准可以参考 ANSI/TIA/EIA—568B2.1（草案）和 ISO/IEC11801：2000＋（草案）。

4. 大对数主干（垂直）电缆系统的测试内容

5类电缆系统按照 GB 50312—2007《综合布线系统工程验收规范》中的规定执行。100m 以内的大对数主干电缆及所连接的配线模块可按布线系统的类别，以4对线为组进行长度、接线图、衰减的测试，对于近端串扰，所测结果不得低于5类4对双绞电缆布线系统所规定的数值。

关于5类以上垂直干线电缆系统的测试内容应按上述相应标准执行。

5. 屏蔽布线系统的测试内容

现场测试应进行屏蔽电缆屏蔽层两端导通测试，检验屏蔽层是否连续不断或有其他问题。全屏蔽（又称总屏蔽）的直流电阻应小于下列公式的计算值

$$R = \frac{62.5}{D} \qquad (5\text{-}3)$$

式中 R——总屏蔽电阻（Ω/km）；

D——总屏蔽外径（mm）。

（二）认证测试方法

1. 基本链路测试

（1）测试连接图。基本链路测试是工程承包商经常采用的测试连接方式，其链路测试的示意图如图 5-14 所示。

基本链路测试主要用于测试综合布线中的固定链路部分，它包括最长 90m 的水平布线，两端可分别有一个连接点以及用于测试的 2m 长的连接线。最长 90m 的水平缆线的两端，一端为工作区信息插座，另一端为楼层配线架的跳线板插座。

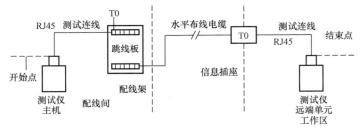

图 5-14 基本链路测试

（2）测试方法。如图 5-14 所示，在正式测试前先要将测试仪在被测链路的两端进行正确连接：测试仪主机通过两端带 RJ45 插头的 2m 测试线，一端连接在测试仪主机适配器上，一端插在楼层配线架跳线板（或插座板）RJ45 插座上。

测试仪远端单元的 2m 测试线两端的 RJ45 插头分别插入用户插座和测试仪适配器接口上。连接完毕后，即可进行测试工作。测试方法可参照 DSP 系列测试仪的操作方法，测试步骤如下：

1）进行测试前检查，包括：①测试仪是否按图 5-14 所示连接图正确可靠地连接好；②检查 RJ45 插座接线排列是否符合所测链路接线类型（A 型或 B 型）相对应的线对颜色对应图；③

现场测试前测试仪自检。在测试前一般不进行校验，因在工厂已经校准，可满足使用。为获得精确的回波损耗测量，可使用开路、短路和匹配负载校准组件进行单端校准。

2）选择并确定测试连接方式为基本链路连接方式。

3）选择并确定被测缆线系统类型（例如超 5 类）和相应的测试标准参数。

4）额定传输速率 NVP 值核准。

测试的缆线链路长度是否精确取决于 NVP 值。使用长度不短于 15m 的缆线并根据已知长度数据来校准测试仪的 NVP 值。例如，选择已知 100m 长的双绞线，采用单端测试，即双绞线的一端接至测试仪适配器接口，如果高速测试仪的长度读数为100m，则说明测试 NVP 值已核准好。

5）设置测试仪测试环境温度的参数。

6）根据需要选择测试方法，即采用"单独测试"还是"自动测试"。一般多用"自动测试"，当有疑问或重新测试基本参数时选用"单独测试"方式。

7）测试过程中将已测参数数据存储在测试仪中。

8）测试完毕后，打印出测试结果，包括测试报告数据和某些用户需要的参数频率特性曲线（如 NEXT 曲线等）。

（3）测试报告。测试报告是工程验收、用户资料存档、故障分析等工作的基本依据。一般测试报告包括各项测试数据以及"通过"、"未通过"的参数测试判断结果。如用户需要还可提供某些重要参数的频率特性曲线，如衰减和 NEXT 曲线等。所有的 DSP 系列电缆测试仪都可支持中文的软件，打印出中文的认证测试报告，可方便工作人员对测试仪的使用和对测试报告的阅读分析工作。

2. 通道测试

（1）测试连接图。通道测试用于测试端到端的包括用户终端连接线在内的整体通道的性能。它包括最长 90m 的水平缆线、一个工作区附近的转接点、在楼层配线架上的两处连接以及总长不超过 10m 的连接线和配线架跳线。

通道测试连接图如图 5-15 所示。通道测试的连接图大部分连接与基本链路测试连接图相同，不同之处在于，在接收端的测试仪远端单元与信息插座（或转接器）之间增加了工作终端设备（如计算机）。工作终端设备（如计算机）与信息插座之间通过两端带有 RJ45 插头的双绞线电缆进行连接；测试仪远端单元通过长度 2m 以内的两端带有 RJ45 插头的测试连线电缆连接至工作终端机专用（RJ45）插座。

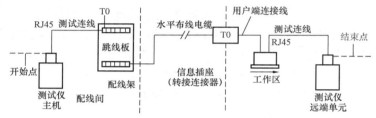

图 5-15 通道测试连接图

需要注意的是，本地测试仪、测试仪远端单元和工作终端所用连线不得超过 10m，否则不符合通道链路连接方式（或称模型）的规定，其测试结果无效。

（2）通道测试方法。

1）通道测试时，测试仪的测试连接方式必须选择并确定在"通道连接方式"上，使之对应于相应的测试参数标准。除此之外，其测试方法和测试步骤与基本链路测试相同。

2）应特别注意的是，虽然测试方法和测试参数基本相同，但测试参数的标准与基本链路有不同之处。测试仪判断出的"通过"或"不通过"是基于通道连接方式 100m 链路及其标准的情况下作出的结论。

（3）测试报告及对测试结果的分析。测试报告的形式与基本链路测试报告相同，只是参数内容不同。对测试结果的分析方法也与基本链路测试的结果分析相似，但需要把工作终端设备（如计算机）及其相关连接硬件考虑进去。

3. 垂直干线链路测试

（1）测试连接图。垂直干线链路测试连接图如图 5-16 所示。垂直干线是由主设备间的主配线架至楼层配线间的配线架的主干电缆，通常沿弱电竖井敷设。它实际上是垂直基本链路，与水平基本链路相比，只是把墙上的信息插座用楼层配线架代替。主配线架与楼层配线架的原理结构相同。

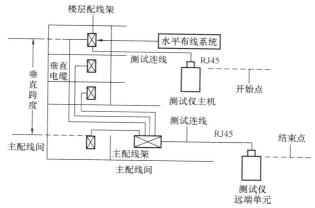

图 5-16　垂直干线链路测试的连接图

如图 5-16 所示，若测试仪主机连接至楼层配线架，则测试仪远端单元就连接在主配线架上，二者可以互换，或互为本地测试主机与测试仪远端单元。具体连接方法与基本链路测试连接图中测试仪与配线架连接的方法相同。

（2）测试方法。测试方法按基本链路（94m）的测试步骤、测试程序及测试标准进行。测试时应注意垂直干线电缆是用 5 类大对数还是 3 类大对数电缆并选择相应的测试类型标准。

（3）测试结果。测试仪的测试报告形式与基本链路相同，不同之处在于垂直干线是大对数电缆，并且除采用 5 类大对数电缆之外还有采用 3 类大对数电缆方案的，应注意区分结果及分析。

（三）电缆（UTP5）认证测试报告

一条电缆经测试仪测试后，将向用户提供一份认证测试报告，其报告的内容见表 5-20。

表 5-20　　　　　　**一条电缆（UTP5）的认证测试报告**

接线图	RJ45 PIN：1　2　3　4　5　6　7　8　S 　　　　　|　|　|　|　|　|　|　| RJ45 PIN：1　2　3　4　5　6　7　8			
线对	1,2	3,6	4,5	7,8
特性阻抗（W）	107	109	110	110
极限（W）	80～120	80～120	80～120	80～120
结果	PASS	PASS	PASS	PASS
电缆长度（m）	23.7	23.1	23.3	23.1
极限（m）	100	100	100	100
结果	PASS	PASS	PASS	PASS
合适延迟（ns）	115	112	113	112
阻抗（W）	5.1	6.3	7.7	6.4
衰减（dB）	5.0	5.4	5.4	5.1
极限（dB）	24.0	24.0	23.9	24.0
安全系数（dB）	19.0	18.6	18.5	18.9
安全系数	79.2%	77.5%	77.4%	78.8%
频率（MHz）	100.0	100.0	99.1	100.0
结果	PASS	PASS	PASS	PASS

线对组	1,2－3,6	1,2－4,5	1,2－7,8	3,6－4,5	3,6－7,8	4,5－7,8
近端串扰（dB）	45.0	43.5	50.7	39.1	55.1	46.5
极限（dB）	32.0	29.1	37.1	31.8	39.5	31.1
安全系数（dB）	13.0	14.4	13.6	7.3	15.6	15.4
频率（MHz）	52.5	76.7	26.2	53.8	18.8	58.4
结果	PASS	PASS	PASS	PASS	PASS	PASS
远端串扰（dB）	41.8	51.6	47.2	38.7	56.0	47.4
极限（dB）	27.4	35.9	30.8	31.8	40.7	31.2
安全系数（dB）	14.4	15.7	16.4	6.9	15.3	16.2
频率（MHz）	96.9	30.8	61.5	53.7	16.0	58.1
结果	PASS	PASS	PASS	PASS	PASS	PASS

三、测试中的问题及解决办法

电缆系统测试中容易出现的问题包括是否正确使用测试仪表和发现测试参数"通过"或"未通过"的原因以及对故障的排除问题。

（一）要正确使用测试仪

正确使用测试仪是保证测试结果可靠的关键。在使用测试仪时，测试中容易出现疏忽，导致设置错误或误操作等。例如测试仪设置被测电缆类型不正确，将超 5 类设置为 5 类，会降低被测系统的实际指标。要重新设置测试仪的类型（如 5 类）及其测试参数。

充分运用测试仪的"故障排除"功能迅速发现被测系统故障现象，并结合施工的实际情况和所用的设备情况查明故障原因并排除。例如，用测试仪可以迅速定出断路、短路的位置离测试仪的距离，可帮助有效地查明原因并排除。

测试结果保存问题，对测试结果必须编号储存，测试仪提供的测试报告应是不可修改的计算机文件，并应加密，以保护用户利益。测试结果应打印出来并整理存档。

（二）测试参数问题及解决措施

测试仪可以发现某项测试参数是否符合标准要求，并做出判断和报告"通过"或"未通过"。关于测试参数的问题通常有测试频率问题、屏蔽对绞电缆测试、近端串扰的测试问题以及短链路问题等。以下着重介绍测试频率问题和屏蔽对绞电缆测试的解决措施。

1. 测试频率问题

TIA—568A、568B 及 ISO 对 5 类和超 5 类电缆规定的最高测试频率是 100MHz，而 6 类电缆最高频率为 200MHz 的标准还处于草案阶段。许多用户把传输速率 Mb/s 和 5 类频率带宽 MHz 误认为是一个单位。例如 ATM 传输数字信号，其数据传输速率为 155Mb/s，而它所需要的频率带宽仅为 67MHz。因此测试仪使用 100MHz 测试频率测试通过的电缆系统是可以运行 ATM 网络的。切不可接受使用 155MHz 的测试频率的测试仪能测试 ATM 网络系统的错误观点。

2. 屏蔽对绞电缆测试

由于国际标准及国家标准尚未制订关于屏蔽双绞电缆的屏蔽特性，因此屏蔽电缆系统的测试还不规范。根据当前标准的意见，对于符合当前 UTP 标准要求的屏蔽电缆和连接硬件构成的综合布线系统电气性能的测试可使用当前 UTP 标准，但这样保证不了屏蔽电缆系统的性能，对屏蔽电缆系统是一种浪费。

进行屏蔽电缆屏蔽层两端导通的测试，并符合全屏蔽直流电阻的要求，确保良好屏蔽。如果施工中未做到所有屏蔽接地点的可靠接地，不但不能发挥屏蔽作用，而且屏蔽可能造成更大的干扰。所以一般电缆系统多使用 UTP 系统。

部分测试参数问题及解决措施见表 5-21。由于测试中的问题涉及方方面面，主要靠测试中发现问题并及时查出错误原因，排除故障。

表 5-21 测试参数的问题及解决措施

测试结果及问题	问题产生的部分原因	解决措施
接线图未通过	(1) 线对交叉、反向线对、交叉线对、断路、短路、串扰线对； (2) 终端线对非扭绞长度超过要求	排除故障，重新连接
长度未通过	(1) 测试仪额定传播速率 NMP 设置不准确； (2) 布线系统电缆（含设备连线及跨接线）总长度超过规定长度； (3) 电缆断线； (4) 电缆短路	(1) 重新校准； (2) 重新选择路由； (3) 更换电缆； (4) 断开短路点
衰减未通过	(1) 布线系统电缆长度超过规定长度过长； (2) 电缆与接插件连接点卡接不良； (3) 电缆和连接硬件性能不良，或不是同一类型产品； (4) 现场环境温度过高	(1) 重新选择路由； (2) 重新卡接良好； (3) 更换连接硬件； (4) 环境温度降低后再测试

续表

测试结果及问题	问题产生的部分原因	解决措施
近端串扰 NEXT 未通过	（1）电缆与接插件卡接不良； （2）远端连接点短路； （3）电缆线对扭绞不良； （4）外部噪声干扰源的影响 （5）电缆和连接硬件性能低劣或不是同一类型产品而达不到匹配	（1）重新端接； （2）断开短路点； （3）重新调整； （4）消除干扰或待干扰源消失后再测； （5）更换连接硬件

第五节　光缆测试技术

一、光纤测试技术概述

在光纤应用中，光纤本身的种类很多，但光纤及其系统的基本测试方法大体上都是一样的，所使用的设备也基本相同。对于光纤或光纤系统，其基本的测试内容包括：连续性和衰减/损耗。测量光纤输入和输出功率，分析光纤的衰减/损耗，确定光纤连续性和发生光损耗的部位等。

进行光纤的各种参数测量之前，必须做好光纤与测试仪器之间的连接。目前，有各种各样的接头可用，但如果选用的接头不合适，就会造成损耗或光学反射。例如，在接头处，光纤不能太长，即使长出接头端面 $1\mu m$，也会因压缩接头而使之损坏。相反，若光纤太短，则又会产生气隙，影响光纤之间的耦合。因此，应该在进行光纤连接之前，仔细平整及清洁端面，并使之适配。

目前，绝大多数的光纤系统都采用标准类型的光纤、发射器和接收器。如纤芯为 $62.5\mu m$ 的多模光纤和标准发光二极管 LED 光源工作在 850nm 的波长上。这样便可大大减小测量中的不确定性。即使是用不同厂家的设备也可以很容易地将光纤与仪器进行连接，可靠性和重复性也很好。

（一）测试仪的精确度

光纤测试仪由光源和光功率计组成，光源接到光纤的一端用于发送测试信号；光功率计接到光纤的另一端，用于测量发来的测试信号。测试仪器的动态范围是指仪器能够检测到的最大和最小信号之间的差值，通常为 60dB。高性能仪器的动态范围可达 100dB 甚至更高。在这一动态范围内功率测量的精确度通常被称为动态精确度或线性精度。

功率测量设备存在一些共同的缺陷，即高功率电平时，光检测器呈现饱和状态，因而增加输入功率并不能改变所显示的功率值；低功率电平时，只有在信号达到最小阈值电平时，光检测器才能检测到信号。

在高功率和低功率之间，功率计内的放大电路会产生问题。常见的问题是偏移误差，它使仪器恒定地读出一个稍高或稍低的功率值。大多数情况下，最值得注意的问题是量程的不连续，当放大器切换增益量程时，它使功率显示值发生跳变。无论是在手动，还是在经常用到的自动（自动量程）状态下，典型的切换增量均为 10dB。一个较少见的误差是斜率误差，它导致仪器在某种输入电平上读数值偏高，而在另一些点上却偏低。

（二）测量仪器的校准

为了使测量的结果更为准确，应对功率计进行校准。但即使是经过了校准的功率计也有大约 ±5%（0.2dB）的误差。这就是说，用两台同样的功率计去测量系统中同一点的功率，也可能会相差 10%。

为确保光纤中的光能够有效地耦合到功率计中去，最好在测试中采用发射电缆和接收电缆。但必须使每一种电缆的损耗低于 0.5dB，这时，还必须使全部光都照射到检测器的接收面上，又不使检测器过载。光纤表面应进行充分地平整清洁，使散射和吸收降至最低。值得注意的是，如果进行功率测量时所使用的光源与校准时的不相同，也会产生测量误差。

（三）光纤的连续性

光纤的连续性是对光纤的基本要求，因此对光纤的连续性进行测试是基本的测量之一。进行连续性测量时，通常是将红色激光、发光二极管（LED）或者其他可见光注入光纤，并在光纤的末端监视光的输出。如果在光纤中有断裂或其他的不连续点，在光纤输出端的光功率就会下降或者根本没有光输出。

通常在购买电缆时，人们用四节电池的电筒从光纤一端照射，然后从光纤的另一端查看是否有光，如有，则说明这光纤是连续的，中间没有断裂，如光线弱时，则要用测试仪来测试。光通过光纤传输后，功率的衰减大小也能表示出光纤的传导性能。如果光纤的衰减太大，则系统也不能正常工作。光功率计和光源是进行光纤传输特性测量的一般设备。

二、光纤布线系统的测试方法

（一）连通性测试

连通性测试是最简单的测试方法，只需在光纤一端导入光线（如手电光），在光纤的另外一端看看是否有光即可。连通性测试的目的是为了确定光纤中是否存在断点。在购买光缆时都采用这种方法进行测试。

（二）端—端损耗测试

端—端损耗测试采取插入式测试方法，使用一台功率测量仪和一个光源，先将被测光纤的某个位置作为参考点，测试出参考功率值，然后再进行端—端测试，并记录下信号增益值，两者之差即为实际端到端的损耗值。用该值与 FDDI 标准值相比就可确定这段光缆的连接是否有效。端—端损耗测试示意图如图 5-17 所示。操作步骤分为两步：第一步是参考度量（P_1）测试，测量从已知光源到直接相连的功率表之间的损耗值 P_1；第二步是实际度量（P_2）测试，测量从发送器到接收器的损耗值 P_2。端到端功率损耗 A 是参考度量与实际度量的差值：$A = P_1 - P_2$。

（三）收发功率测试

收发功率测试是测定布线系统光纤链路的有效方法，使用的

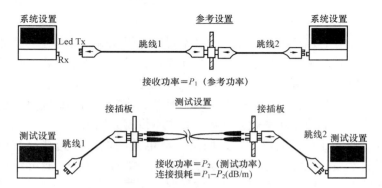

图 5-17　端—端损耗测试示意图

设备主要是光纤功率测试仪和一段跳接线。在实际应用过程中，链路的两端可能相距甚远，但只要测得发送端和接收端的光功率，便可判定光纤链路的状况。具体操作过程如下：

（1）在发送端将测试光纤取下，用跳接线取而代之，跳接线一端为原来的发送器，另一端为光功率测试仪，使光发送器工作，即可在光功率测试仪上测得发送端的光功率值。

（2）在接收端，用跳接线取代原来的跳线，接上光功率测试仪，在发送端的光发送器工作的情况下，即可测得接收端的光功率值。

发送端与接收端的光功率值之差，就是该光纤链路所产生的损耗。收发功率测试的操作过程如图 5-18 所示。

（四）反射损耗测试

反射损耗测试是光纤链路检修非常有效的手段。它使用光纤时间区域反射仪（OTDR）来完成测试工作，基本原理就是利用导入光与反射光的时间差来测定距离，这样即可准确判定故障的位置。虽然 FDDI 系统验收测试没有要求测量光缆的长度和部件损耗，但它也是非常有用的数据。OTDR 将探测脉冲注入光纤，在反射光的基础上估算光纤的长度。OTDR 测试适用于故障定位，特别是用于确定光缆断开或损坏的位置。OTDR 测试文档为网络诊断和网络扩展提供了重要数据。

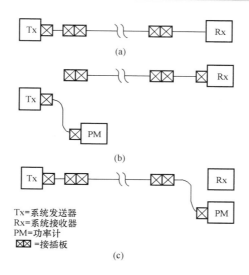

图 5-18 收发功率测试

（a）已安装系统；（b）步骤一：测试发送输出功率；

（c）步骤二：测试接收功率

三、光纤连接、链路损耗估算

连接损耗是采用光纤传输媒体时必须考虑的问题，连接光纤的任何设备均可能使光波功率产生不同程度的损耗，光波在光纤中传播时自身也会产生一定的损耗。FDDI 要求任意两个端节点间总的连接损耗应控制在一定的范围内，如多模光纤的连接损耗应不超过 11dB。因此，有效地计算光纤的连接损耗是 FDDI 网络布线时面临的一个非常重要的课题。

一般情况下，端—端之间的连接损耗包括以下内容：

（1）节点至配线架之间的连接损耗，如各种连接器。

（2）光纤自身的衰减。

（3）光纤与光纤互联所产生的损耗，如光纤熔接或机械连接部分。

（4）为将来预留的损耗裕量，包括检修连接、热偏差、安全性方面的考虑以及发送装置的老化所带来的影响等。

对于各个主要连接部件所产生的光波损耗值见表 5-22。

不同尺寸的光纤耦合器件组合在一起也会产生损耗，而这种损耗随着发送功率的不同而异。FDDI 标准中定义的各种发送功率下不同尺寸光纤的耦合所产生的损耗指标见表 5-23。从表中可以看出，相同尺寸光纤的耦合不会产生损耗。

表 5-22   **FDDI 连接部件损耗值**

连接部件	说明	损耗	单位
多模光纤	导入波长：$850\mu m$	3.5～4.0	dB/km
多模光纤	导入波长：$1300\mu m$	1.0～1.5	dB/km
单模光纤	导入波长：$1300\mu m$	1.0～2.0	dB/km
连接器	—	＞1.0	dB/个
光旁路开关	在未加电的情况下	2.5	dB/个
拼接点	熔接或机械连接	0.3（近似值）	dB/个

表 5-23   **光纤耦合损耗**

接收光纤	发送光纤				
	$50\mu m$ $NA=0.20$	$51\mu m$ $NA=0.22$	$62.5\mu m$ $NA=0.75$	$85\mu m$ $NA=0.26$	$100\mu m$ $NA=0.29$
$50\mu m$，$NA=0.20$	0.0	0.4	2.2	3.8	5.7
$51\mu m$，$NA=0.22$	0.0	0.0	1.6	3.2	4.9
$62.5\mu m$，$NA=0.275$	0.0	0.0	0.0	1.0	2.3
$85\mu m$，$NA=0.26$	0.0	0.0	0.1	0.0	0.8
$100\mu m$，$NA=0.29$	0.0	0.0	0.0	0.0	0.0

表 5-23 中，NA 表示数值孔径，是光纤对光的接受程度的度量单位，是衡量光纤集光能力的参数。准确定义为：

$$NA=n\sin\theta \tag{5-4}$$

式中 θ——光纤允许的最大入射角；

        n——周围介质的折射率。

连接损耗的计算公式如下

$$M=G-L \tag{5-5}$$

式中　M——剩余功率的临界值，在光纤通信工程中表示损耗的
裕量，称为富裕度或边际，必须保证 $M>0$，才能
使系统正常运行；

G——信号增益值；

L——链路损耗值。

G 表示信号增益值，其计算公式如下

$$G=P_t-P_r \tag{5-6}$$

式中　P_t——PMD 指定的发送功率；

P_r——接收装置的灵敏度。

它们在 PMD 中都做出了具体的定义。表 5-24 给出了 FDDI
PMD 标准中 P_t 和 P_r 的指标。由于单模光纤分为Ⅰ级和Ⅱ级，
相互连接时产生的损耗各不相同，单模光纤的光功率损耗值见表
5-25。

表 5-24　　　　　　　　　**FDDI PMD 中定义的收发功率**

PMD 标准	发送方输出功率（dBm）	接收方收入功率（dBm）
多模光纤	$-10\sim-16$	$-10\sim-27$
单模光纤，Ⅰ级	$-14\sim-20$	$-14\sim-31$
单模光纤，Ⅱ级	$0\sim-4$	$-15\sim-37$

表 5-25　　　　　　　　　**单模光纤的光功率损耗值**

发送方输出	接收方输入	光功率损耗	
		最小（dBm）	最大（dBm）
Ⅰ级	Ⅰ级	0	11
Ⅰ级	Ⅱ级	1	17
Ⅱ级	Ⅰ级	14	27
Ⅱ级	Ⅱ级	15	33

光纤链路有带宽和功率损耗两个基本参数。FDDI PMD 标
准规定：光纤的距离为 2km，模态带宽至少为 500MHz/

$1300\mu m$。在规划和施工时应选择合适且符合标准的光纤。链路损耗是指端口到端口之间光功率的衰减，包括链路上所有器件的损耗。FDDI 链路在光信号发送器、接收器、光旁路开关、接头、终端处及光纤上都可能产生损耗。FDDI PMD 标准给出了两节点间允许的最大损耗值。多模光纤的最大损耗值为 11dB，单模光纤分为两类收发器，类型Ⅰ收发器允许的最大损耗值为 11dB，类型Ⅱ收发器允许的损耗值小于 33dB，大于 14dB，链路损耗值是两节点间所有部件损耗值之和，包括下列主要因素：

（1）FDDI 节点到光纤的连接（如 ST、MIC 连接器）。

（2）光纤损耗。

（3）无源部件，如光旁路开关。

（4）安全、温度变化、收发器老化、计划整修的接头等。

在 FDDI 网络的设计和规划中，要估算链路的损耗值，检查是否符合 FDDI PMD 标准。如不符合，就要重新考虑布线方案，如使用单模光纤类型Ⅱ收发器，在连接处增加有源部件，移去光旁路开关，甚至改变网络的物理拓扑结构，重新计算链路的损耗值直到满足标准为止。在计算链路损耗值时，不需要计算每条链路的损耗值，只要计算出最坏情况下的链路损耗即可。最坏情况链路就是光纤最长、连接器和接头的个数最多以及光旁路开关的个数最多等造成光功率损耗值最大的链路。计算并记录所有链路的损耗值，对于日后的故障诊断和排除是非常有用的。在网络设计中计算链路损耗值是必要的。如果在安装完成后才发现有错误，代价可能很大，需要增加或替换器件，甚至需要重新设计和安装。由于计算时都采用了估计值，且影响网络工作的因素又很多，即使链路损耗计算值满足要求，也不能完全保证安装后的网络一定成功。

链路损耗值（L）的基本计算公式如下

$$L = I_c \times L_c + N_{con} \times L_{con} + (N_s + N_r) \times L_s + N_{pc}$$
$$\times L_{pc} + N_m \times L_m + P_d + M_a + M_s + M_t \tag{5-7}$$

式中 I_c——光纤的长度，km；

L_c——单位长度的损耗，1.5～2.5dB/km；

N_{con}——连接器的数目；

L_{con}——每个连接器的损耗，约 0.5dB；

N_s——安装接头的数目；

N_r——计划整修接头的数目；

L_s——每个接头的损耗，约 0.5dB；

N_{pc}——无源部件的数目，如光旁路开关；

L_{pc}——每个无源部件的损耗，约 2.5dB；

N_m——不匹配耦合的数目；

L_m——每个不匹配耦合的损耗；

P_d——色散损耗，厂家说明；

M_a——信号源老化损耗，1～3dB；

M_s——安全损耗，1～3dB；

M_t——温度变化损耗，1dB。

四、938A 系列光纤测试仪

（一）组成部分

938A 光纤测试仪由下列部分组成，如图 5-19 所示。

1. 主机

它由一个检波器、光源模块接口、发送和接收电路及供电电源组成。主机可独立作为功率计使用，不要求光源模块。

2. 光源模块

它由发光二极管组成，在 660、7800、820、850、870、1300、1550nm 波长上作为测量光衰减或损耗的光源，每个模块在其相应的波长上发出能量。

3. 光连接器的适配器

它允许连接一个 Biconic、ST、SC 或其他光缆连接器至 938A 主机，对每一个端口（输入和输出）要求一个适配器，安装连接器的适配器时不需要工具。

4. AC 电源适配器

当由 AC 电源给主机供电时，AC 适配器不对主机中的可充电电池进行充电。如果使用的是可充电电池，必须由外部 AC 电源对充电电池进行充电。

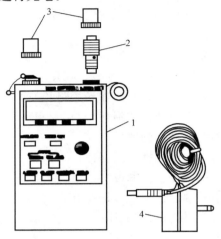

图 5-19　938A 光纤测试仪

1—主机；2—光源模块；3—光连接器
的适配器；4—AC 电源适配器

（二）技术参数

目前，工程中使用的光纤测试仪主要是 938A 系列测试仪，它的技术参数如下：

1. 发送器

发送器的技术参数见表 5-26。

表 5-26　　　　　　　　　发送器的技术参数

发送器	标准模块最大标称波长 （nm）	频宽 （nm）	输出功率 （dBm）	输出稳定性 （常温下超过 8h） （dB）
9G	660±10	≤20	≥−20	≤±0.5
9H	780±10	≤30	≥−20	≤±0.5
9B	820±10	≤50	≥−25	≤±0.5
9C	850±10	≤50	≥−25	≤±0.5

续表

发送器	标准模块最大标称波长（nm）	频宽（nm）	输出功率（dBm）	输出稳定性（常温下超过 8h）（dB）
9D	875±10	≤50	≥-25	≤±0.5
9E	1300±20	≤150	≥-30	≤±0.5
9F	1550±20	≤150	≥-30	≤±0.5

2.　接收器

接收器的技术参数见表 5-27。

表 5-27　　　　　　　　接收器的技术参数

接收器类型	938A 砷镓铟	938C 硅
标准校准波长	850、875、1300、1550nm	660、780、820、850nm
测量范围	+3～-60dBm，2mW～1nW	—
精确度	±5%	—
分辨率	0.01dBm/0.01dBm	—

3.　电源供电

交流电源适配器：120V/AC，220V/AC。

（三）测试步骤

1.　测试光纤路径所需的硬件

（1）两个 938A 光纤损耗测试仪（OLTS），用于测试光纤传输损耗。

（2）为了使两个地点进行测试的操作员之间进行通话，需要有无线对讲机（至少要有电话）。

（3）4 条光纤跳线，用于建立 938A 测试仪与光纤之间的连接。

（4）红外线显示器，用于确定光能量是否存在。

2.　光纤路径损耗的测试步骤

当执行下列过程时，严禁测试人员观看一个光源的输出（在一条光纤的末端，或在连接到 OLTS—938A 的一条光纤路径的末端，或到一个光源上），以免损伤视力。为了确定光能量是否存在，应使用能量/功率计或红外线显示器。

（1）设置测试设备，按 938A 光纤损耗测试仪的指令设置。

（2）OLTS（938A）光纤损耗测试仪调零，调零用于消除能级偏移量。当测试非常低的光能级时，不调零会引起很大的误差，调零还能消除跳线的损耗。为了调零，在位置 A 用一跳线将 938A 的光源（输出端口）和检波器插座（输入端口）连接起来。在光纤路径的另一端（位置 B）完成同样的工作，测试人员必须在两个位置（位置 A 和位置 B）上对两台 938A 调零，如图 5-20 所示。

图 5-20　对两台 938A 进行调零

（3）连续按住 ZERO SET 按键 1s 以上，等待 20s 的时间来完成自校。

（4）测试光纤路径中的损耗（位置 A 到位置 B 方向上的损耗）。

（5）在位置 A 的 938A 上，从检波器插座（IN 端口）处断开跳线 S1，并将 S1 连接到被测的光纤路径上，如图 5-21 所示。

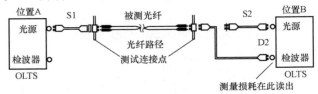

图 5-21　在位置 B 测试损耗

（6）在位置 B 的 938A 上从检波器插座（IN 端口）处断开路线 S2。

（7）在位置 B 的 938A 检波器插座（输入端口）与被测光纤通路的位置 B 末端之间用另一条光纤跳线连接。

（8）在位置 B 处的 938A 测试位置 A 到位置 B 方向上的损耗。

3. 测试光纤路径中的损耗

测试光纤位置 B 到位置 A 方向上的损耗，如图 5-22 所示。

图 5-22　在位置 A 测试损耗

（1）在位置 B 的光纤路径处将跳线 D2 断开。

（2）将（位置 B 处的）跳线 S2 连接到光纤路径上。

（3）从位置 A 处将跳线 S1 从光纤路径上断开。

（4）用另一条跳线 D1 将位置 A 处 938A 检波器插座（IN 端口）与位置 A 处的光纤路径连接起来。

（5）在位置 A 处的 938A 上测试出位置 B 到位置 A 方向上的损耗。

4. 计算光纤路径上的传输损耗

光纤路径上的传输损耗采用下列公式计算

平均损耗＝［损耗（A 到 B 方向）＋损耗（B 到 A 方向）］/2

（5-8）

5. 记录所有的数据

当一条光纤路径建立好后，测试的是光纤路径的初始损耗，应认真地将安装系统时所测试的初始损耗记录在案。以后在某条光纤路径工作不正常时要进行测试，这时的测试值要与最初测试的损耗值进行比较。若高于最初测试损耗值，则表明存在的问题可能是测试设备的问题，也可能是光纤路径的问题。

6. 重新测试

如果测出的数据高于最初记录的损耗值，那么要对所有的光纤连接器进行清洗。另外，测试人员还要检查对设备的操作是否正确，检查测试跳线连接条件。光纤重新测试连接如图 5-23 所示。

如果重复出现较高的损耗值，那么就要检查光纤路径上是否有不合适的接续、损坏的连接器和被压住/挟住的光纤等。测试数据记录单见表 5-28。

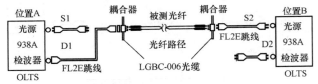

图 5-23　光纤测试连接

表 5-28　　　　　　　　　　**光纤损耗测试数据单**

光纤号	波长 (nm)	在 X 位置的损耗读数 L_y (dB)	在 Y 位置的损耗读数 L_y (dB)	总损耗为 (L_x+L_y) /2 (dB)
1				
2				
⋮				
n				

（四）测试过程中可能遇到的问题

1. 用手电对一端光纤头照光时，另一端的光纤头光线微弱

用手电继续检查其他光纤时，如果发现的确有某个光纤头光线微弱，则说明光纤头制作过程中有操作问题。用测试仪测量其值（dB），如超标应重新制作该头。

2. 跳线连接时出现指示灯不亮或指示灯发红

（1）检查一下跳线接口是否接反，正确的端接是交叉跳接：O→I、I→O。

（2）ST 是否与耦合器扣牢，防止光纤头间出现不对接现象。

3. 使用光纤测试仪测试时，测量值大于 4.0dB 以上

（1）检查光纤头是否符合制作要求。

（2）检查光纤头是否与耦合器正确连接。

（3）检查光纤头部是否有灰尘，用酒精纸试擦光纤头，酒精挥发干后再测。

第六章

综合布线系统工程施工管理与工程验收

第一节 综合布线系统工程施工管理重要性

一、综合布线系统工程的安全管理

综合布线系统工程施工过程中，除了要保证缆线及整个系统的安装快捷迅速外，还要保证在施工过程中不出现任何差错，保证设备、参加工程施工的工作人员以及终端用户没有任何危险。

安全包括施工人员安全、设备器材的安全和布线系统性能的安全。要制定各项有针对性的制度措施以杜绝安全事故的发生。监管组织机构应不定期地组织对现场进行安全工作的检查，及时根据现场的实际情况修改和制定安全工作制度。

（1）制度保证要有人员落实安全检查责任。

（2）项目负责人负责督促检查现场施工人员认真执行安全规范，及时纠正不正确的操作方法和行为。

（3）项目负责人负责监督落实安全措施，指导施工人员正确及时地填好各类安全报表。

（4）所有施工人员必须参加安全规程和操作规范的培训才允许上岗，尤其是防火方面的安全教育。

二、综合布线系统工程的质量管理

根据工程特点推行全面质量管理制度，拟定各项管理计划并付诸于实施。在施工各阶段做到有组织、有制度、有各种数据，把工程质量提高到一个新的水平，具体措施如下：

（一）工程质量管理包括质量技术监督指导，及时发现和解决问题

（1）加强内部管理，实行各专用质量责任制，建立以公司工程师指导，项目经理负责质量检查的领导体制、负责工程的技术问题和施工质量监督工作。

（2）项目经理组织各专业组长为开工做好技术准备，各专业技术组按照设计方案、施工图纸、施工规程和本工程具体情况，编制分项分部工程实施步骤，向班组人员进行任务交底。负责填报工程施工质量检查日志、施工事故报告表、工程验收报告及工程竣工资料的整理等。

（3）要会同工程监理人员共同负责，要求现场施工人员按照施工规范进行施工，在施工过程中不定期检测已安装完成的链路和设备，可进行抽样检测和复测。

（4）负责依照工程设计图纸确定的施工内容进行施工。

（5）施工中所使用的计量工具必须是经过认可的器具，计量必须精确，仪器灵敏，以确保质量要求。

（6）现场施工人员必须虚心接受甲方及各级质检人员的检查监督，出现质量问题时必须及时上报并提出整改措施，并进行层层落实。

（二）工程质量管理包括工程进度协调管理

（1）综合布线系统工程一般与楼宇其他工程交叉进行，与其他部门需要相互协调安排。任何的延误或脱节都会带来工程工期上的问题。

（2）由于综合布线材料成本昂贵，多数材料容易被损坏，缆

线的剪裁不当将会造成不必要的浪费，因此需要在材料的保管、发放、使用等诸多方面建立完善的规章制度。

（3）应负责填报工程施工进度日志、工程材料消耗报表、施工责任人签到表、工程协调纪要、施工报停表、工程验收申请等文件资料。

（4）负责依照工程设计图纸确定的施工内容进行施工。

（5）负责施工现场材料供应、场外工程协调等工作。工程所用材料设备必须达到合格质量标准，且具有合格证书或材质证书，不合格的材料、设备不得发送施工现场。

第二节 综合布线系统工程施工要点

一、综合布线系统工程施工的主要步骤

（1）根据工程规划设计和概预算文本进行现场熟悉和核对。必须对设计说明、施工图纸和工程概算等主要部分认真核对，对技术方案和设计意图充分了解，必要时通过现场技术交底，全面了解全部工程施工的基本内容。其中，现场调查应了解房屋建筑内部要动工的各个部位（如吊顶、地板、电缆竖井、暗敷管路、线槽以及洞孔等）的情况，以便落实在施工敷设缆线和安装设备时的具体技术问题。此外，对于设备间、干线交接间的各种工艺要求和环境条件以及预先设置的管槽等都要进行检查，看是否符合安装施工的基本条件。

在智能化小区中，除对上述各项条件进行调查外，还应对小区内敷设管线的道路和各栋建筑物引入部分进行了解，看有无妨碍施工的问题。总之，工程现场必须具备施工顺利开展，不会影响施工进度的基本条件。

（2）修正规划的走线路由，需要考虑隐蔽性。对建筑物结构特点有破坏的，如需要在承重梁上打过墙眼时，应向管理部门申请，否则视为违反施工法规。在利用现有空间的同时应避开电源线路和其他线路，根据现场情况要对缆线进行必要和有效的保

护。在正式的有最终许可手续的规划基础上计算安排用料和用工，综合考虑设计实施中的管理操作费用，计算工期及施工方案和安排。实施方案中需要考虑用户方的配合程度，并要求用户方指定协调负责人员。

（3）指定工程负责人和工程监理人员来负责规划备工、备料、用户方配合要求等方面事宜，提出各部门配合的时间表，负责内外协调和施工组织及施工管理。

（4）现场施工和管理。

（5）制作布线系统标记，布线的系统标记要遵循统一标准。标记要有 10 年以上的明确可查看的保用期。

（6）验收阶段性文档。在上述各环节中必须建立完善的文档资料，便于验收时的资料整理。

二、开工前的准备工作

（一）施工前的检查

（1）安装工程之前，必须对设备间的建筑和环境条件进行检查，具备下列条件方可开工。

1）设备间的土建工程已全部竣工，室内墙壁已充分干燥。设备间门的高度和宽度应不妨碍设备的搬运，房门锁和钥匙齐全。

2）设备间的地面应平整光洁，已经预留暗管、地槽和孔洞的数量、位置、尺寸均应符合安装工艺要求。

3）电源已经接入设备间，应满足施工的需要。

4）设备间的通风管道应清扫干净，空气调节设备应安装完毕，性能良好。

5）在铺设活动地板的设备间内，应对活动地板进行专门检查，保证地板板块铺设严密坚固，符合安装要求，每平方米水平误差应不大于 2mm，地板应接地良好，接地电阻和防静电措施应符合要求。

（2）交接间环境要求。

1）根据设计规范和工程的要求，对建筑物的垂直通道的楼层及交接间应做好安排，并应检查其建筑和环境条件是否具备。

2）预留好交接间垂直通道电缆孔洞，并应检查水平通道管道或电缆桥架和环境条件是否具备。

3）设计综合布线实际施工图，确定布线的走向位置，供施工人员、督导人员和主管人员使用。

（二）工程备料

经过调研确定施工方案后，工程实施的第一步就是开工前的准备工作。工程施工过程中需要许多施工材料，这些材料有的必须在开工前就备好料，有的可以在开工过程中备料，主要包括以下几种：

（1）配线架、理线架、光缆、双绞线、插座、信息模块、服务器、稳压电源、集线器、交换机、路由器等落实购货厂商，并确定提货日期。

（2）不同规格的各种槽管、走线架、PVC防火管、蛇皮管、自攻螺钉等布线用料就位。

（3）如果集线器集中供电，则准备好导线、护线槽，并制定好电器设备安全措施（供电线路必须按民用建筑标准规范进行）。

（4）制定施工进度表（要留有适当余地，施工过程中随时可能发生意想不到的事情，并要求立即协调）。

三、施工过程中的注意事项

（1）施工现场督导人员要认真负责，及时处理施工进程中出现的各种问题，协调处理各方意见，尤其注意施工操作人员安全和设备安全。

（2）如果现场施工碰到不可预见的问题，应及时向工程单位汇报，并提出解决办法供工程单位当场研究解决，以免影响工程进度。

（3）对工程单位计划不周的问题，要及时妥善解决。

（4）对工程单位新增加的点应及时在施工图中反映出来。

（5）对部分场地或工段应及时进行阶段性检查验收，确保工程质量。

（6）精确核算施工材料，实行限额领料，做好计划减少材料损失。

（7）做好机具设备的使用、维护，加强设备停滞时间和机具故障率管理，合理安排进场人员，加强劳动纪律，提高工作效率。

（8）做好已完工工程的管理和保护，避免因保护不当损坏已完成的工程，造成重复施工。

（9）抓紧完工工程的检查及工程资料的收集、整理，工图的绘制，抓紧工程收尾，减少管理费用支出。

（10）加强仪器工具的使用管理，按作业班组落实专人负责，以免丢失、损坏而影响工期。

四、工程报表制定

（一）工程施工进度表

制定工程进度表时，应留有余地，还需要考虑其他工程施工时可能对本工程造成的影响，避免出现不能按时完工、交工的情况，具体表格样式见表 6-1。

表 6-1　　　　　　　　　　**工程施工进度表**

时间（周）/项目	1	2	3	4
布线				
信息座安装				
配线架安装与接续				
终接与测试				
验收				

（二）指派任务表

指派任务表由领导、施工、测试、项目负责人各持一份，具体表格样式见表 6-2。

表 6-2　　　　　　　　　　**指派任务表**

施工名称	质量与要求	施工人员	难度	验收人	完工日期	是否返工处理

⋮

（三）施工进度日志

施工进度日志由现场工程师每日随工程进度填写施工中需要记录的事项，具体表格样式见表6-3。

表6-3　　　　　　　　　　施工进度日志

组别	人数		负责人		日期	
工程进度计划						
工程实际进度						
工程情况记录						
时　间	方位、编号	处理情况	尚待处理情况	备　注		

（四）施工责任人员签到表

每日进场施工的人员必须签到，签到应按先后顺序进行，每人须亲笔签名。签到的目的是明确施工的责任人。签到表由现场项目工程师负责落实，并保留存档，具体表格样式见表6-4。

表6-4　　　　　　　　　　施工责任人员签到表

项目名称							
日　期	姓名1	姓名2	姓名3	姓名4	姓名5	姓名6	姓名7

（五）施工事故报告单

施工过程中出现的任何事故，均应由项目负责人将初步情况填报"事故报告"，具体表格样式见表6-5。

表6-5 **施工事故报告单**

填报单位		项目工程师	
工程名称		设计单位	
地点		施工单位	
事故发生时间		报出时间	

事故情况及主要原因

（六）工程开工报告

工程开工前，由项目工程师负责填写开工报告，待有关部门正式批准后方可开工，正式开工后该报告由施工管理员负责保存待查，具体报告样式见表6-6。

表6-6 **工程开工报告**

工程名称		工程地点	
用户单位		施工单位	
计划开工	年 月 日	计划竣工	年 月 日

工程主要内容

工程准备情况

主抄	施工单位意见	建设单位意见
抄送	签名	签名
报告日期	日期	日期

（七）施工报停表

在工程实施过程中可能会受到其他施工单位的影响，或者由于用户单位提供的施工场地和条件及其他原因使施工无法继续进行。为了明确工期延误的责任，应当及时填写施工报停表，交与有关部门批复后将该表存档，具体表格样式见表 6-7。

表 6-7 施工报停表

工程名称		工程地点	
建设单位		施工单位	
停工日期	年 月 日	计划复工	年 月 日
工程停工主要原因			
计划采取的措施和建议			
停工造成的损失和影响			
主抄 抄送 报告日期	施工单位意见 签名 日期		建设单位意见 签名 日期

（八）工程领料单

项目工程师应根据现场情况安排材料发放工作，具体的领料情况必须有单据存档，具体表格样式见表 6-8。

表 6-8 工程领料单

工程名称			领料单位		
批料人			领料日期	年 月 日	
序 号	材料名称	材料编号	单 位	数 量	备 注

（九）工程设计变更单

工程设计经过用户认可后，施工单位无权单方面将其改变。工程施工过程中如确实需要对原设计进行修改，则必须经施工单位和用户主管部门协商解决，对局部改动必须填报工程设计变更单，经审批后方可施工，具体表格样式见表6-9。

表6-9　　　　　　　　　　　**工程设计变更单**

工程名称		原图名称	
设计单位		原图编号	
原设计规定的内容		变更后的工作内容	
变更原因说明		批准单位及文号	
原工程量		现工程量	
原材料数		现材料数	
补充图纸编号		日期	年　月　日

（十）工程协调会议纪要

工程协调会议纪要格式见表6-10。

表6-10　　　　　　　　　　**工程协调会议纪要**

日期			
工程名称		建设地点	
主持单位		施工单位	
参加协调单位			
工程主要协调内容			
工程协调会议决定			
仍需协商的遗留问题			
参加会议代表签字			

（十一）隐蔽工程阶段性合格验收报告

隐蔽工程阶段性合格验收报告格式见表6-11。

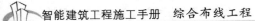

表 6-11 　　　　隐蔽工程阶段性合格验收报告

工程名称		工程地点	
建设单位		施工单位	
计划开工	年　月　日	实际开工	年　月　日
计划竣工	年　月　日	实际竣工	年　月　日
隐蔽工程完成情况			
提前和推迟竣工的原因			
工程中出现和遗留问题			
主抄 抄送 报告日期	施工单位意见 签名 日期		建设单位意见 签名 日期

（十二）工程验收申请

施工单位按照施工合同完成施工任务后，会向用户单位申请工程验收，待用户主管部门答复后组织安排验收，具体表格样式见表 6-12。

表 6-12 　　　　工程验收申请表

工程名称		工程地点	
建设单位		施工单位	
计划开工	年　月　日	实际开工	年　月　日
计划竣工	年　月　日	实际竣工	年　月　日
工程完成主要内容			
提前和推迟竣工的原因			
工程中出现和遗留问题			
主抄 抄送 报告日期	施工单位意见 签名 日期		建设单位意见 签名 日期

第三节　综合布线系统工程验收

一、综合布线系统工程验收基本要求

（1）进行综合布线系统工程验收时，应按设计文件及合同规定的内容进行。

（2）进行综合布线系统的施工、安装、测试及验收必须遵守相应的技术标准、技术要求及国家标准。

（3）在施工过程中，施工单位必须执行有关施工质量检查的规定。建设单位应通过工地代表或工程监理人员加强工地的随工质量检查，及时组织隐蔽工程的检验和签证工作。

（4）竣工验收项目内容和方法应按有关规范办理。

（5）施工操作规程应贯彻执行有关的规范要求。

（6）综合布线系统工程的验收，应符合国家现行的有关标准的规定。

工程验收依据的原则如下：

（1）综合布线系统工程应按 YD/T 926.1—2009《大楼通信综合布线系统 第 1 部分：总规范》中规定的链路性能要求进行验收。

（2）工程竣工验收项目的内容和方法应按 GB 50312—2007《综合布线系统工程验收规范》的规定执行。

（3）综合布线系统缆线链路的电气性能验收测试应按 YD/T 1013—2013《综合布线系统电气特性通用测试方法》中的规定办理。

（4）综合布线系统工程的验收应符合上述规范外，还应符合我国现行的 YD 5121—2010《通信线路工程验收规范》和 YD 5103—2003《通信道路工程施工及验收技术规范》中相关的规定。

此外，综合布线系统工程验收还涉及其他标准规范，如 GB 50339—2003《智能建筑工程质量验收规范》、GB 50303—2002

《建筑电气工程施工质量验收规范》、GB 50374—2006《信管道工程施工及验收规范》等。

工程技术文件、承包合同文件要求采用国际标准时，应按要求采用适用的国际标准，以下国际标准可供参考：

（1）《用户建筑综合布线》ISO/IEC 11801。

（2）《商业建筑电信布线标准》EIA/TIA—568。

（3）《商业建筑电信布线安装标准》EIA/TIA—569。

（4）《商业建筑通信基础结构管理规范》EIA/TIA—606。

（5）《商业建筑通信接地要求》EIA/TIA—607。

（6）《信息系统通用布线标准》EN 50173。

（7）《信息系统布线安装标准》EN 50174。

二、综合布线系统工程验收阶段

综合布线系统工程的验收，涉及工程的全过程，其验收根据施工过程分为随工验收、初步验收、竣工验收三个阶段，每一阶段根据工程内容、施工性质、进度的不同，验收的内容也不同。

（一）随工验收

在工程施工过程中，为考核施工单位的施工水平并保证施工质量，应对所用材料、工程的整体技术指标和质量有一个了解和保障，对一些日后无法检验到的工程内容（如隐蔽工程等），在施工过程中应进行部分的验收，并完成日后无法验收的部分工程内容的验收工作，这样可及早发现工程质量问题，以免造成人力和物力的大量浪费。

随工验收应对隐蔽工程部分做到边施工边验收，在竣工验收时，一般不再对隐蔽工程进行验收。

（二）初步验收

初步验收是在工程完成施工调试之后进行的验收工作，初步验收的时间应在原定计划的建设工期内进行，由建设单位组织相关单位（如设计、施工、监理、使用等单位人员）参加。初步验收工作内容包括检查工程质量，审查竣工资料，对发现的问题提出处理的意见，并组织相关责任单位落实解决。

对所有的新建、扩建和改建项目，都应在完成施工调试之后进行初步验收。初步验收是为竣工验收做准备。

（三）竣工验收

竣工验收是工程建设的最后一个环节，是工程完工后进行的最后验收，是对工程施工过程中的所有建设内容依据设计要求和施工规范进行全面的检验。

综合布线系统接入电话交换系统、计算机局域网或其他弱电系统，在试运转后的半个月内，由建设单位向上级主管部门报送竣工报告，并在接到报告后请示主管部门，组织相关部门按竣工验收办法对工程进行验收。

一般综合布线系统工程在完工后，尚未进入电话、计算机或其他弱电系统的运行阶段，应先期对综合布线系统进行竣工验收。验收的依据是在初步验收的基础上，对综合布线系统各项检测指标认真考核审查。如果全部合格，且全部竣工图样、资料等文档齐全，也可对综合布线系统进行单项竣工验收。

三、综合布线系统工程验收内容

对综合布线系统工程而言，验收的主要内容包括环境检查、器材检验、设备安装检验、缆线敷设和保护方式检验、缆线终接和工程电气测试等，验收标准为 GB 50312—2007《综合布线系统工程验收规范》。

（一）环境检查

1．工作区、电信间、设备间的检查内容

（1）工作区、电信间、设备间土建工程应全部竣工。房屋地面应平整、光洁，门的高度和宽度应符合设计要求。

（2）房屋预埋线槽、暗管、孔洞和竖井的位置、数量、尺寸均应符合设计要求。

（3）铺设活动地板的场所，活动地板防静电措施及接地应符合设计要求。

（4）电信间、设备间应提供 220V 带保护接地的单相电源插座。

（5）电信间、设备间应提供可靠的接地装置，接地电阻值及接地装置的设置应符合设计要求。

（6）电信间、设备间的位置、面积、高度、通风、防火及环境温度、湿度等应符合设计要求。

2. 建筑物进线间及入口设施的检查内容

（1）引入管道与其他设施如电气、水、煤气、下水道等的位置、间距应符合设计要求。

（2）引入缆线采用的敷设方法应符合设计要求。

（3）管线入口部位的处理应符合设计要求，并应检查采取排水及防止废气、水、虫等进入的措施。

（4）进线间的位置、面积、高度、照明、电源、接地、防火、防水等应符合设计要求。

有关设施的安装方式应符合设计文件规定的抗震要求。

（二）器材及测试仪表工具检查

1. 器材检验应符合的要求

（1）工程所用缆线和器材的品牌、型号、规格、数量、质量应在施工前进行检查，应符合设计要求并具备相应的质量文件或证书。无出厂检验证明材料、质量文件或与设计不符者不得在工程中使用。

（2）进口设备和材料应具有产地证明和商检证明。

（3）经检验的器材应做好记录，对不合格的器件应单独存放，以备核查与处理。

（4）工程中使用的缆线、器材应与订货合同或封存的产品在规格、型号、等级上相符。

（5）备品、备件及各类文件资料应齐全。

2. 配套型材、管材与铁件的检查应符合的要求

（1）各种型材的材质、规格、型号应符合设计文件的规定，表面应光滑、平整，不得变形、断裂。预埋金属线槽、过线盒、接线盒及桥架等表面涂覆或镀层应均匀、完整，不得变形、损坏。

（2）室内管材采用金属管或塑料管时，其管身应光滑、无伤痕，管孔应无变形，孔径、壁厚应符合设计要求。金属管槽应根据工程环境要求做镀锌或其他防腐处理。塑料管槽必须采用阻燃管槽，外壁应具有阻燃标记。

（3）室外管道应按通信管道工程验收的相关规定进行检验。

（4）各种铁件的材质、规格均应符合相应质量标准，不得有歪斜、扭曲、毛刺、断裂或破损。

（5）铁件的表面处理和镀层应均匀、完整，表面光洁，无脱落、气泡等缺陷。

3. 缆线的检验应符合的要求

（1）工程使用的电缆和光缆型号、规格及缆线的防火等级应符合设计要求。

（2）缆线所附标志、标签内容应齐全、清晰，外包装应注明型号和规格。

（3）缆线外包装和外护套需完整无损，当外包装损坏严重时，应按进场测试的要求进行测试合格后再在工程中使用。

（4）电缆应附有本批量的电气性能检验报告，施工前应进行链路或信道的电气性能及缆线长度的抽验，并做测试记录。

（5）光缆开盘后应先检查光缆端头封装是否良好。光缆外包装或光缆护套如有损伤，应对该盘光缆进行光纤性能指标测试，如有断纤，应进行处理，待检查合格才允许使用。光纤检测完毕，光缆端头应密封固定，恢复外包装。

（6）光纤接插软线或光跳线检验应符合下列规定：

1）两端的光纤连接器件端面应装配合适的保护盖帽。

2）光纤类型应符合设计要求，并有明显的标记。

4. 连接器件的检验应符合的要求

（1）配线模块、信息插座模块及其他连接器件的部件应完整，电气和机械性能等指标符合相应产品生产的质量标准。塑料材质应具有阻燃性能，并应满足设计要求。

（2）光纤连接器件及适配器使用型号和数量、位置，应与设计相符。

(3) 信号线路浪涌保护器各项指标应符合有关规定。

5. 配线设备的使用应符合的规定

(1) 光、电缆配线设备的型号、规格应符合设计要求。

(2) 光、电缆配线设备的编排及标志名称应与设计相符。各类标志名称应统一，标志位置应正确、清晰。

6. 测试仪表和工具的检验应符合的要求

(1) 应事先对工程中需要使用的仪表和工具进行测试或检查，缆线测试仪表应附有相应检测机构的证明文件。

(2) 综合布线系统的测试仪表应能测试相应类别工程的各种电气性能及传输特性，其精度应符合相应要求。测试仪表的精度应按相应的鉴定规程和校准方法进行定期检查和校准，经过相应计量部门校验取得合格证后，方可在有效期内使用。

(3) 施工工具，如电缆或光缆的接续工具（剥线器、光缆切断器、光纤熔接机、光纤磨光机、卡接工具等）必须进行检查，合格后方可在工程中使用。

现场尚无检测手段取得屏蔽布线系统所需的相关技术参数时，可将认证检测机构或生产厂家附有的技术报告作为检查依据。

对绞电缆电气性能、机械特性、光缆传输性能及连接器件的具体技术指标和要求，应符合设计要求。经过测试与检查，性能指标不符合设计要求的设备和材料不得在工程中使用。

（三）设备安装检验

1. 机柜、机架安装应符合的要求

(1) 机柜、机架安装位置应符合设计要求，垂直偏差度应不大于 3mm。

(2) 机柜、机架上的各种零件不得脱落或损坏，漆面不应有脱落及划痕，各种标志应完整、清晰。

(3) 机柜、机架、配线设备箱体、电缆桥架及线槽等设备的安装应牢固，如有抗震要求，应按抗震设计进行加固。

2. 各类配线部件安装应符合的要求

（1）各部件应完整，安装就位，标志齐全。

（2）安装螺钉必须拧紧，面板应保持在一个水平面上。

3. 信息插座模块安装应符合的要求

（1）信息插座模块、多用户信息插座、集合点配线模块安装位置和高度应符合设计要求。

（2）信息插座模块安装在活动地板内或地面上时，应固定于接线盒内，插座面板采用直立和水平等形式。接线盒盖可开启，并应具有防水、防尘、抗压功能。接线盒盖面应与地面齐平。

（3）信息插座底盒同时安装信息插座模块和电源插座时，间距及采取的防护措施应符合设计要求。

（4）信息插座模块明装底盒的固定方法应根据施工现场条件而定。

（5）固定螺钉需拧紧，不应有松动现象。

（6）各种插座面板应有标识，以颜色、图形、文字表示所接终端设备业务类型。

（7）工作区内终接光缆的光纤连接器件及适配器安装底盒应具有足够的空间，并应符合设计要求。

4. 电缆桥架及线槽的安装应符合的要求

（1）桥架及线槽的安装位置应符合施工图要求，左右偏差应不超过 50mm。

（2）桥架及线槽水平度每米偏差应不超过 2mm。

（3）垂直桥架及线槽应与地面保持垂直，垂直度偏差应不超过 3mm。

（4）线槽截断处及两线槽拼接处应平滑、无毛刺。

（5）吊架和支架安装应保持垂直，整齐牢固，无歪斜。

（6）金属桥架、线槽及金属管各段之间应保持连接良好，安装牢固。

（7）采用吊顶支撑柱布放缆线时，支撑点宜避开地面沟槽和线槽位置，支撑应牢固。

安装机柜、机架、配线设备屏蔽层及金属管、线槽、桥架使用的接地体应符合设计要求，就近接地，并应保持良好的电气连接。

（四）缆线的敷设检验

1. 缆线敷设应满足的要求

（1）缆线的型号、规格应与设计规定相符。

（2）缆线在各种环境中的敷设方式、布放间距均应符合设计要求。

（3）缆线的布放应自然平直，不得有扭绞、打圈、接头等现象，不应受外力的挤压和损伤。

（4）缆线两端应贴有标签，标明编号，标签书写应清晰、端正和正确。标签应选用不易损坏的材料。

（5）缆线应有裕量以适应终接、检测和变更。对绞电缆预留长度：在工作区宜为 3～6cm，电信间宜为 0.5～2m，设备间宜为 3～5m；光缆布放路由宜盘留，预留长度宜为 3～5m，有特殊要求的应按设计要求预留长度。

（6）缆线的弯曲半径应符合以下规定。

1）非屏蔽 4 对对绞电缆的弯曲半径应至少为电缆外径的 4 倍。

2）屏蔽 4 对对绞电缆的弯曲半径应至少为电缆外径的 8 倍。

3）主干对绞电缆的弯曲半径应至少为电缆外径的 10 倍。

4）2 芯或 4 芯水平光缆的弯曲半径应大于 25mm；其他芯数的水平光缆、主干光缆和室外光缆的弯曲半径应至少为光缆外径的 10 倍。

（7）缆线间的最小净距应符合以下设计要求。

1）电源线、综合布线系统缆线应分隔布放，并应符合表 6-13 的规定。

2）综合布线与配电箱、变电室、电梯机房、空调机房之间最小净距应符合表 6-14 的规定。

表 6-13 综合布线电缆与电力电缆的间距

类别	与综合布线接近状况	最小净距（mm）
380V 电力电缆 ＜2kVA	与缆线平行敷设	130
	有一方在接地的金属线槽或钢管中	70
	双方都在接地的金属线槽或钢管中①	10①
380V 电力电缆 2～5kVA	与缆线平行敷设	300
	有一方在接地的金属线槽或钢管中	150
	双方都在接地的金属线槽或钢管中②	80
380V 电力电缆 ＞5kVA	与缆线平行敷设	600
	有一方在接地的金属线槽或钢管中	300
	双方都在接地的金属线槽或钢管中②	150

① 当 380V 电力电缆＜2kVA，双方都在接地的线槽中，且平行长度≤10m 时，最小间距可以是 10mm。

② 双方都在接地的线槽中，可用两个不同的线槽，也可在同一线槽中用金属板隔开。

表 6-14 综合布线缆线与电气设备的最小净距

名称	最小净距（m）	名称	最小净距（m）
配电箱	1	电梯机房	2
变电室	2	空调机房	2

3）建筑物内电缆、光缆暗管敷设与其他管线最小净距应符合表 6-15 的规定。

表 6-15 墙上敷设的综合布线电缆、光缆及管线与其他管线的间距

其他管线	最小平行净距（mm）	最小交叉净距（mm）
	电缆、光缆或管线	电缆、光缆或管线
避雷引下线	1000	300
保护地线	50	20
给水管	150	20
压缩空气管	150	20

其他管线	最小平行净距（mm）	最小交叉净距（mm）
	电缆、光缆或管线	电缆、光缆或管线
热力管（不包封）	500	500
热力管（包封）	300	300
煤气管	300	20

4）综合布线缆线宜单独敷设，与其他弱电系统各子系统缆线间距应符合设计要求。

5）对于有安全保密要求的工程，综合布线缆线与信号线、电力线、接地线的间距应符合相应的保密规定。对于具有安全保密要求的缆线应采取独立的金属管或金属线槽敷设。

（8）屏蔽电缆的屏蔽层端到端应保持完好的导通性。

2. 预埋线槽和暗管敷设缆线应符合的规定

（1）敷设线槽和暗管的两端宜用标志表示出编号等内容。

（2）预埋线槽宜采用金属线槽，预埋或密封线槽的截面利用率应为 $30\%\sim50\%$。

（3）敷设暗管宜采用钢管或阻燃聚氯乙烯硬质管。布放大对数主干电缆及 4 芯以上光缆时，直线管道的管径利用率应为 $50\%\sim60\%$，弯管道应为 $40\%\sim50\%$。暗管布放 4 对对绞电缆或 4 芯及以下光缆时，管道的截面利用率应为 $25\%\sim30\%$。

3. 设置缆线桥架和线槽敷设缆线应符合的规定

（1）密封线槽内缆线布放应顺直，尽量不交叉，在缆线进出线槽部位、转弯处应绑扎固定。

（2）缆线桥架内缆线垂直敷设时，在缆线的上端和每间隔 1.5m 处应固定在桥架的支架上；水平敷设时，在缆线的首、尾、转弯及每间隔 $5\sim10$m 处进行固定。

（3）在水平、垂直桥架中敷设缆线时，应对缆线进行绑扎。对绞电缆、光缆及其他信号电缆应根据缆线的类别、数量、缆径、缆线芯数分束绑扎。绑扎间距不宜大于 1.5m，间距应均匀，不宜绑扎过紧或使缆线受到挤压。

（4）楼内光缆在桥架敞开敷设时应在绑扎固定段加装垫套。

采用吊顶支撑柱作为线槽在顶棚内敷设缆线时，每根支撑柱所辖范围内的缆线可不设置密封线槽进行布放，但应分束绑扎。缆线应阻燃，缆线选用应符合设计要求。

建筑群子系统采用架空、管道、直埋、墙壁及暗管敷设电缆、光缆的施工技术要求应按照本地网通信线路工程验收的相关规定执行。

（五）缆线保护方式检验

1. 配线子系统缆线敷设保护应符合的要求

（1）预埋金属线槽的保护要求。

1）在建筑物中预埋线槽，宜按单层设置，每一路由进出同一过路盒的预埋线槽均不应超过 3 根，线槽截面高度不宜超过 25mm，总宽度不宜超过 300mm。线槽路由中若包括过线盒和出线盒，截面高度宜在 70～100mm 范围内。

2）线槽直埋长度超过 30m 或在线槽路由交叉、转弯时，宜设置过线盒，以便于布放缆线和维修。

3）过线盒盖应能开启，并与地面齐平，盒盖处应具有防灰与防水功能。

4）过线盒和接线盒的盒盖应能抗压。

5）金属线槽至信息插座模块接线盒之间或金属线槽与金属钢管之间相连接时的缆线宜采用金属软管敷设。

（2）预埋暗管的保护要求。

1）预埋在墙体中间暗管的最大管外径不宜超过 50mm，楼板中暗管的最大管外径不宜超过 25mm，室外管道进入建筑物的最大管外径不宜超过 100mm。

2）直线布管每 30m 处应设置过线盒装置。

3）暗管的转弯角度应大于 90°，在路径上每根暗管的转弯角不得多于 2 个，并不应有 S 弯出现。有转弯的管段长度超过 20m 时，应设置管线过线盒装置；有 2 个弯时，不超过 15m 应设置过线盒。

4）暗管管口应光滑，并加有护口保护，管口伸出部位宜为 25～50mm。

5）至楼层电信间暗管的管口应排列有序，便于识别与布放缆线。

6）暗管内应安置牵引线或拉线。

7）金属管明敷时，在距接线盒 300mm 处，弯头处的两端，每隔 3m 处应采用管卡固定。

8）管路转弯的曲半径应不小于所穿入缆线的最小允许弯曲半径，并且应不小于该管外径的 6 倍，如暗管外径大于 50mm 时，应不小于 10 倍。

（3）设置缆线桥架和线槽的保护要求。

1）缆线桥架底部应高于地面 2.2m 及以上，顶部距建筑物楼板不宜小于 300mm，与梁及其他障碍物交叉处间的距离不宜小于 50mm。

2）缆线桥架水平敷设时，支撑间距宜为 1.5～3m。垂直敷设时固定在建筑物结构体上的间距宜小于 2m，距地 1.8m 以下部分应加金属盖板保护，或采用金属走线柜包封，门应可开启。

3）直线段缆线桥架每超过 15～30m 或跨越建筑物变形缝时，应设置伸缩补偿装置。

4）金属线槽敷设时，在下列情况下应设置支架或吊架：线槽接头处，每间距 3m 处，离开线槽两端出口 0.5m 处和转弯处。

5）塑料线槽槽底固定点间距宜为 1m。

6）缆线桥架和缆线线槽转弯半径不应小于槽内缆线的最小允许弯曲半径，线槽直角弯处最小弯曲半径不应小于槽内最粗缆线外径的 10 倍。

7）桥架和线槽穿过防火墙体或楼板时，缆线布放完成后应采取防火封堵措施。

（4）网络地板缆线敷设的保护要求。

1）线槽之间应沟通。

2）线槽盖板应可开启。

3）主线槽的宽度宜为 200～400mm，支线槽宽度不宜小于 70mm。

4）可开启的线槽盖板与明装插座底盒间应采用金属软管连接。

5）地板块与线槽盖板应抗压、抗冲击和阻燃。

6）当网络地板具有防静电功能时，地板整体应接地。

7）网络地板板块间的金属线槽段与段之间应保持良好导通并接地。

（5）在架空活动地板下敷设缆线时，地板内净空应为 150～300mm。若空调采用下送风方式，则地板内净高应为 300～500mm。

（6）吊顶支撑柱中电力线和综合布线缆线合一布放时，中间应用金属板隔开，间距应符合设计要求。

当综合布线缆线与大楼弱电系统缆线采用同一线槽或桥架敷设时，子系统之间应采用金属板隔开，间距应符合设计要求。

2．干线子系统缆线敷设保护方式应符合的要求

（1）缆线不得布放在电梯或供水、供气、供暖管道竖井中，缆线不应布放在强电竖井中。

（2）电信间、设备间、进线间之间干线通道应沟通。

3．建筑群子系统缆线敷设保护方式应符合设计要求

4．信号线路浪涌保护器应符合的要求

当电缆从建筑物外进入建筑物时，应选用适配的信号线路浪涌保护器，信号线路浪涌保护器应符合设计要求。

（六）缆线终接

1．缆线终接应符合的要求

（1）缆线在终接前，必须核对缆线的标识内容是否正确。

（2）缆线中间不应有接头。

（3）缆线终接处必须牢固、接触良好。

（4）对绞电缆与连接器件连接应认准线号、线位色标，不得

颠倒和错接。

2. 对绞电缆终接应符合的要求

(1) 终接时，每对对绞线应保持扭绞状态，扭绞松开长度对于 3 类电缆应不大于 75mm；对于 5 类电缆应不大于 13mm；对于 6 类电缆应尽量保持扭绞状态，减小扭绞松开长度。

(2) 对绞线与 8 位模块式通用插座相连时，必须按色标和线对顺序进行卡接。插座类型、色标和编号应符合 T568A 和 T568B 的规定。两种连接方式均可采用，但在同一布线工程中两种连接方式不应混合使用。

(3) 7 类布线系统采用非 RJ45 方式终接时，连接图应符合相关标准的规定。

(4) 屏蔽对绞电缆的屏蔽层与连接器件终接处屏蔽罩应通过紧固器件可靠接触，缆线屏蔽层应与连接器件屏蔽罩 360°圆周接触，接触长度不宜小于 10mm。屏蔽层不应用于受力的场合。

(5) 对不同的屏蔽对绞线或屏蔽电缆，屏蔽层应采用不同的端接方法。应对编织层或金属箔与汇流导线进行有效的端接。

(6) 每个 2 口 86 面板底盒宜终接 2 条对绞电缆或 1 根 2 芯/4 芯光缆，不宜兼做过路盒使用。

3. 光缆终接与接续应采用的方式

(1) 光纤与连接器件连接可采用尾纤熔接、现场研磨和机械连接方式。

(2) 光纤与光纤接续可采用熔接和光连接子（机械）连接方式。

4. 光缆芯线终接应符合的要求

(1) 采用光纤连接盘对光纤进行连接、保护，在连接盘中光纤的弯曲半径应符合安装工艺要求。

(2) 光纤熔接处应加以保护和固定。

(3) 光纤连接盘面板应有标志。

(4) 光纤连接损耗值，应符合表 6-16 的规定。

表 6-16　　　　　　　　　　　光纤连接损耗值（dB）

连接类别	多　模		单　模	
	平均值	最大值	平均值	最大值
熔接	0.15	0.3	0.15	0.3
机械连接	—	0.3	—	0.3

5. 各类跳线的终接应符合的规定

（1）各类跳线缆线和连接器件间接触应良好，接线无误，标志齐全。跳线选用类型应符合系统设计要求。

（2）各类跳线长度应符合设计要求。

（七）工程电气测试

（1）综合布线工程电气测试包括电缆系统电气性能测试及光纤系统性能测试。电缆系统电气性能测试项目应根据布线信道或链路的设计等级和布线系统的类别要求制定。各项测试结果应有详细记录，作为竣工资料的一部分。测试记录内容和形式宜符合表 6-17 和表 6-18 的要求。

表 6-17　　　综合布线系统工程电缆（链路/信道）性能指标测试记录

工程项目名称									
序号	编　号			内　容					备注
				电缆系统					
	地址号	缆线号	设备号	长度	接线图	衰减	近端串扰	电缆屏蔽层连接情况	其他项目
测试日期、人员及测试仪表型号、测试仪表精度									
处理情况									

表 6-18　　综合布线系统工程光纤（链路/信道）性能指标测试记录

工程项目名称										
序号	编　号			光缆系统						备注
				多　　模				单　　模		
				850nm		1300nm		1310nm		1550nm	
	地址号	缆线号	设备号	衰减（插入损耗）	长度	衰减（插入损耗）	长度	衰减（插入损耗）	长度	衰减（插入损耗）	长度
测试日期、人员及测试仪表型号、测试仪表精度										
处理情况										

（2）对绞电缆及光纤布线系统的现场测试仪应符合下列要求。

1）应能测试信道与链路的性能指标。

2）应具有针对不同布线系统等级的相应精度，应考虑测试仪的功能、电源、使用方法等因素。

3）测试仪精度应定期检测。每次现场测试前，仪表厂家应出示测试仪的精度有效期限证明。

（3）测试仪表应具有测试结果的保存功能并提供输出端口，将所有存储的测试数据输出至计算机和打印机。测试数据必须保证不被修改，并进行维护和文档管理。测试仪表应提供所有测试项目、概要和详细的报告。测试仪表宜提供汉化的通用人机界面。

（八）管理系统验收

1. 综合布线管理系统应满足的要求

（1）管理系统级别的选择应符合设计要求。

（2）需要管理的每个组成部分均应设置标签，并由唯一的标识符进行表示，标识符与标签的设置应符合设计要求。

（3）管理系统的记录文档应详细完整并汉化，包括每个标识符的相关信息、记录、报告和图纸等。

（4）不同级别的管理系统可采用通用电子表格、专用管理软件或电子配线设备等进行维护管理。

2. 综合布线管理系统的标识符与标签的设置应符合的要求

（1）标识符应包括安装场地、缆线终端位置、缆线管道、水平链路、主干缆线、连接器件、接地等类型的专用标识。系统中每一组件应指定一个唯一的标识符。

（2）电信间、设备间、进线间所设置的配线设备及信息点处均应设置标签。

（3）每根缆线应指定专用标识符，标在缆线的护套上或在距每一端护套 300mm 内设置标签。缆线的终接点应设置标签标记指定的专用标识符。

（4）接地体和接地导线应指定专用标识符，标签应设置在靠近导线和接地体连接处的明显部位。

（5）根据设置部位的不同，可使用粘贴型、插入型或其他类型标签。标签表示内容应清晰，材质应符合工程应用环境要求，具有耐磨、抗恶劣环境、附着力强等性能。

（6）终接色标应符合缆线的布放要求，缆线两端终接点的色标颜色应一致。

3. 综合布线系统各个组成部分管理信息记录和报告的内容

（1）记录应包括管道、缆线、连接器件及连接位置、接地等内容，各部分记录中应包括相应的标识符、类型、状态、位置等信息。

（2）报告应包括管道、安装场地、缆线、接地系统等内容，各部分报告中应包括相应的记录。

综合布线系统工程如采用布线工程管理软件和电子配线设备组成的系统进行管理和维护工作，应按专项系统工程进行验收。

四、综合布线系统工程竣工技术文档

布线工程竣工后，施工单位应在工程验收以前，将工程竣工技术资料交给建设单位。竣工技术文件要保证质量，做到文字表达条理清楚，外观整洁，内容齐全，图表内容清晰，数据准确，不应有互相矛盾、彼此脱节和错误遗漏等现象。竣工技术文件通常为一式三份，如有多个单位需要时，可适当增加份数。

竣工技术文件按以下内容进行编制：

（1）工程说明。

（2）安装工程量。

（3）设备、器材明细表。

（4）竣工图纸。在施工图有少量修改时，可利用原工程设计图更改补充，不需再重做竣工图纸，但在施工中改动较大时，则应另做竣工图纸。

（5）测试记录和认证测试报告（宜采用中文表示）。

（6）工程变更、检查记录及施工过程中，需更改设计或采取相关措施时，建设、设计、施工等单位之间的双方洽商记录。

（7）随工验收记录。

（8）隐蔽工程签证。直埋电缆或地下电缆管道等隐蔽工程经工程监理人员认可的签证；设备安装和缆线敷设工序告一段落时，经常驻工地代表或工程监理人员随工检查后的证明等原始记录。

（9）工程决算。

五、综合布线系统工程竣工验收

（一）布线工程竣工验收方式

（1）建设单位自己组织验收。

（2）施工监理机构组织验收。

（3）第三方测试机构组织验收，又分为两种情况：质量监察部门提供验收服务和第三方测试认证服务提供商提供验收服务。

（二）布线工程竣工验收项目

布线工程竣工验收包括竣工技术文档验收和物理验收，竣工

技术文档验收按"四、综合布线系统工程竣工技术文档"的内容执行，物理验收按"三、综合布线系统工程验收内容"的内容组织实施，检测结论作为工程竣工资料的组成部分及工程验收的依据之一。

物理验收要求如下：

（1）系统工程安装质量检查，若各项指标符合设计要求，则被检项目检查结果为合格；被检项目的合格率为100％，则工程安装质量判为合格。

（2）系统性能检测中，对绞电缆布线链路、光纤信道应全部检测，竣工验收需要抽验时，抽样比例不低于10％，抽样点应包括最远布线点。

（3）系统性能检测单项合格判定。

1）如果一个被测项目的技术参数测试结果不合格，则该项目判为不合格。如果某一被测项目的检测结果与相应规定的差值在仪表准确度范围内，则该被测项目应判为合格。

2）按GB 50312—2007《综合布线系统工程验收规范》附录B指标要求，采用4对对绞电缆作为水平电缆或主干电缆，所组成的链路或信道有一项指标测试结果不合格，则该水平链路、信道或主干链路判为不合格。

3）主干布线大对数电缆中按4对对绞线对测试，指标有一项不合格，则判为不合格。

4）如果光纤信道测试结果不满足GB 50312—2007《综合布线系统工程验收规范》附录C的指标要求，则该光纤信道被判为不合格。

5）未通过检测的链路、信道的电缆线对或光纤信道可在修复后复检。

（4）竣工检测综合合格判定方法。

1）对绞电缆布线全部检测时，无法修复的链路、信道或不合格线对数量有一项超过被测总数的1％，则判定为不合格。光缆布线检测时，如果系统中有一条光纤信道无法修复，则判定为不合格。

2）对绞电缆布线抽样检测时，被抽样检测点（线对）不合格比例不大于被测总数的1％，则视为抽样检测通过，不合格点（线对）应予以修复并复检。被抽样检测点（线对）不合格比例如果大于1％，则视为一次抽样检测未通过，应进行加倍抽样，加倍抽样不合格比例不大于1％，则视为抽样检测通过。若不合格比例仍大于1％，则视为抽样检测不通过，应进行全部检测，并按全部检测要求进行判定。

3）全部检测或抽样检测的结论为合格，则竣工检测的最后结论为合格；全部检测的结论为不合格，则竣工检测的最后结论为不合格。

（5）综合布线管理系统检测时，标签和标识按10％抽检，系统软件功能全部检测。检测结果符合设计要求，则判定为合格。

（三）布线工程竣工决算和竣工资料移交的基本要求

首先要了解工程建设的全部内容，弄清其全过程，掌握项目从发生、发展到完成的全部过程，并以图、文、声、像的形式进行归档。

应当归档的文件包括项目的提出、调研、可行性研究、评估、决策、计划、勘测、设计、施工、测试和竣工的工作中形成的文件材料。其中竣工图技术资料是使用单位长期保存的技术档案，因此必须做到准确、完整和真实，必须符合长期保存的归档要求。竣工图必须做到以下几点要求：

（1）必须与竣工的工程实际情况完全符合。

（2）必须保证绘制质量，做到规格统一，字迹清晰，符合归档要求。

（3）必须经过施工单位的主要技术负责人审核、签字。

参 考 文 献

[1]　姜大庆，洪学银．综合布线系统设计与施工[M]．北京：清华大学出版社，2011．

[2]　刘省贤．综合布线技术教程与实训(第2版)[M]．北京：北京大学出版社，2009．